◆ 餐飲實務 ◆

林香君、高儀文／著

張　序

　　觀光事業的發展是一個國家國際化與現代化的指標，開發中國家仰賴它賺取需要的外匯，創造就業機會，現代化的先進國家以這個服務業為主流，帶動其他產業發展，美化提昇國家的形象。

　　觀光活動自第二次世界大戰以來，由於國際政治局勢的穩定、交通運輸工具的進步、休閒時間的增長、可支配所得的提高、人類壽命的延長及觀光事業機構的大力推廣等因素，使觀光事業進入了「大眾觀光」（Mass Tourism）的時代，無論是國際間或國內的觀光客人數正不斷地成長之中，觀光事業亦成為本世紀成長最快速的世界貿易項目之一。

　　目前國內觀光事業的發展，隨著國民所得的提高、休閒時間的增長、以及商務旅遊的增加，旅遊事業亦跟著蓬勃發展，並朝向多元化的目標邁進，無論是出國觀光或吸引外籍旅客來華觀光，皆有長足的成長。惟觀光事業之永續經營，除應有完善的硬體建設外，應賴良好的人力資源之訓練與培育，方可竟其全功。

　　觀光事業從業人員是發展觀光事業的橋樑，它擔負增進國人與世界各國人民相互瞭解與建立友誼的任務，是國民外交的重要途徑之一，對整個國家的形象影響至鉅，是故，發展觀光

事業應先培養高素質的服務人才。

　　揆諸國外觀光之學術研究仍方興未艾，但觀光專業書籍相當缺乏，因此出版一套高水準的觀光叢書，以供培養和造就具有國際水準的觀光事業管理人員和旅遊服務人員實刻不容緩。

　　今欣聞揚智出版公司所見相同，敦請本校觀光事業研究所李銘輝博士擔任主編，歷經兩年時間的統籌擘劃，網羅國內觀光科系知名的教授以及實際從事實務工作的學者、專家共同參與，研擬出版國內第一套完整系列的「觀光叢書」，相信此叢書之推出將對我國觀光事業管理和服務，具有莫大的提昇與貢獻。值此叢書付梓之際，特綴數言予以推薦，是以爲序。

　　　　　　　　　　　　　　　　　中國文化大學董事長
　　　　　　　　　　　　　　　　　張鏡湖

叢書序

　　觀光事業是一門新興的綜合性服務事業，隨著社會型態的
改變，各國國民所得普遍提高，商務交往日益頻繁，以及交通
工具快捷舒適，觀光旅行已蔚為風氣，觀光事業遂成為國際貿
易中最大的產業之一。

　　觀光事業不僅可以增加一國的「無形輸出」，以平衡國際
收支與繁榮社會經濟，更可促進國際文化交流，增進國民外交，
促進國際間的瞭解與合作。是以觀光具有政治、經濟、文化教
育與社會等各方面為目標的功能，從政治觀點可以開展國民外
交，增進國際友誼；從經濟觀點可以爭取外匯收入，加速經濟
繁榮；從社會觀點可以增加就業機會，促進均衡發展；從教育
觀點可以增強國民健康，充實學識知能。

　　觀光事業既是一種服務業，也是一種感官享受的事業，因
此觀光設施與人員服務是否能滿足需求，乃成為推展觀光成敗
之重要關鍵。惟觀光事業既是以提供服務為主的企業，則有賴
大量服務人力之投入。但良好的服務應具備良好的人力素質，
良好的人力素質則需要良好的教育與訓練。因此觀光事業對於
人力的需求非常殷切，對於人才的教育與訓練，尤應予以最大
的重視。

　　觀光事業是一門涉及層面甚為寬廣的學科，在其廣泛的研

究對象中，包括人（如旅客與從業人員）在空間（如自然、人文環境與設施）從事觀光旅遊行為（如活動類型）所衍生之各種情狀（如產業、交通工具使用與法令）等，其相互為用與相輔相成之關係（包含衣、食、住、行、育、樂）皆為本學科之範疇。因此，與觀光直接有關的行業可包括旅館、餐廳、旅行社、導遊、遊覽車業、遊樂業、手工藝品以及金融等相關產業等，因此，人才的需求是多方面的，其中除一般性的管理服務人才（例如會計、出納等）可由一般性的教育機構供應外，其他需要具備專門知識與技能的專才，則有賴專業的教育和訓練。

然而，人才的訓練與培育非朝夕可蹴，必須根據需要，作長期而有計畫的培養，方能適應觀光事業的發展；展望國內外觀光事業，由於交通工具的改進、運輸能量的擴大、國際交往的頻繁，無論國際觀光或國民旅遊，都必然會更迅速地成長，因此今後觀光各行業對於人才的需求自然更為殷切，觀光人才之教育與訓練當愈形重要。

近年來，觀光學中文著作雖日增，但所涉及的範圍卻仍嫌不足，實難以滿足學界、業者及讀者的需要。個人從事觀光學研究與教育者，平常與產業界言及觀光學用書時，均有難以滿足之憾。基於此一體認，遂萌生編輯一套完整觀光叢書的理念。適得揚智文化事業有此共識，積極支持推行此一計畫，最後乃決定長期編輯一系列的觀光學書籍，並定名為「揚智觀光叢書」。依照編輯構想。這套叢書的編輯方針應走在觀光事業的尖端，作為觀光界前導的指標，並應能確實反應觀光事業的真正需求，以作為國人認識觀光事業的指引，同時要能綜合學術與實際操作的功能，滿足觀光科系學生的學習需要，並可提供

業界實務操作及訓練之參考。因此本叢書將有以下幾項特點：

1. 叢書所涉及的內容範圍儘量廣闊，舉凡觀光行政與法規、自然和人文觀光資源的開發與保育、旅館與餐飲經營管理實務、旅行業經營，以及導遊和領隊的訓練等各種與觀光事業相關課程，都在選輯之列。

2. 各書所採取的理論觀點儘量多元化，不論其立論的學說派別，只要是屬於觀光事業學的範疇，都將兼容並蓄。

3. 各書所討論的內容，有偏重於理論者，有偏重於實用者，而以後者居多。

4. 各書之寫作性質不一，有屬於創作者，有屬於實用者，也有屬於授權翻譯者。

5. 各書之難度與深度不同，有的可用作大專院校觀光科系的教科書，有的可作為相關專業人員的參考書，也有的可供一般社會大眾閱讀。

6. 這套叢書的編輯是長期性的，將隨社會上的實際需要，繼續加入新的書籍。

身為這套叢書的編者，謹在此感謝中國文化大學董事長張鏡湖博士賜序，產、官、學界所有前輩先進長期以來的支持與愛護，同時更要感謝本叢書中各書的著者，若非各位著者的奉獻與合作，本叢書當難以順利完成，內容也必非如此充實。同時，也要感謝揚智文化事業執事諸君的支持與工作人員的辛勞，才使本叢書能順利地問世。

李銘輝 謹識
於文化大學觀光事業研究所

序

　　隨著國內餐飲市場蓬勃發展的結果,使消費者能有更豐富多樣的餐飲選擇。同時,這也造成餐飲業經營處於競爭激烈的態勢下,各式餐廳迅速崛起後又暗淡衰退,如何使經營立於不敗之地,除了經營特色的優勢外,有健全的餐飲經營體質是餐飲業者生存最根本的關鍵因素,這包含餐廳經營者在相關作業流程上的良好控制與餐飲服務人員在專業知識與技術上的良好呈現,才能達到永續經營的目標。爲了使餐飲相關從業人員與學習者能對此餐飲操作實務的內容有所認識與瞭解,因而有本書的誕生。

　　本書的範圍,含括整個餐飲的操作內容及服務技巧。首先概述餐飲業的定義、特性及組織,幫助學習者掌握餐飲業的發展及特性,先有概括性地瞭解。其他章節包括廚房作業、飲料管理、餐飲採購與驗收、餐飲庫存管理、餐飲成本控制、餐廳服務基本概念、餐廳服務事前準備、餐廳服務作業、宴會作業、餐廳規劃與設計、餐飲行銷等十二個章節,以深入淺出的文字探討餐飲業在實務上操作的原理與技巧,讓閱讀者能輕鬆地學習。

　　本書得以完成,應感謝高崇倫同學在拍攝照片時的協助,以及郭瓊徽、吳靜怡同學在蒐集餐飲實務操作資料上的細心,

豐富了本書的內容。

最後更要感謝中國文化大學觀光事業研究所李銘輝教授在本書編寫的每一過程所給予的指導和協助。同時也感謝家人及同學在精神上的支持與鼓勵,才能順利完成此書。本書的編纂經過再三斟酌,但恐仍有疏漏之處,尚祈諸先進能不吝指正,提供寶貴意見,以作為隨時修訂時之參考。

此書的出版,除了希望能讓閱讀者瞭解餐飲實務的知識與操作技巧外,更希望藉由本書使大眾瞭解目前餐飲學術界與餐飲業者的用心,並對追求高品質的餐飲業有更多的期待與肯定。

林香君　高儀文　謹識

一九九九年三月

目　錄

第一章　概　論

飲食是人生大事，更是維持生命的基本要素。而提供飲食的餐飲業是服務業的一環，不同於一般企業，所經營的範疇包含有形的餐飲與無形的服務。針對餐飲經營的特殊性質，本章將作概念性分析，先介紹餐飲不同的定義，再介紹東西方餐飲業的歷史沿革，並說明餐廳的種類、經營的特性以及餐飲業的組織。

第一節　餐飲業的定義與發展

　　欲瞭解餐飲業的實務，首先應清楚餐廳的定義，再分別介紹東西方餐飲的歷史沿革。

一、餐廳的定義

　　十八世紀，法國巴黎有一位餐廳老闆，自製了一種名為「恢復之神」（le restaurant divon）的湯給客人食用，之後，陸續增加多種菜餚供客人選用的方式在當地大受歡迎，且在多人仿效下，因口耳相傳，促使"restaurant"成為現代餐廳的代號。就restaurant的定義而言，可從兩種不同角度探討：

㈠字面上的意義

　　根據法國大百科辭典的解釋，「餐廳」為恢復元氣、提供營養、膳食、休息的場所。

㈡實質上的意義

餐廳是一定的場合，對一般大眾提供餐飲服務、宴席款客，而收取合理報酬的服務性企業。因此，完善的餐廳應具備以下條件：

1. 必須以營利為目的的商業組織。
2. 餐食種類、餐廳環境和服務人員態度，皆在服務的範疇之內。
3. 必須要有固定的營業地點。

二、餐飲業的發展沿革

在餐飲業的發展沿革方面，將我國及西方分別敘述如下：

㈠我國餐飲業的發展

中國古代，為方便商人或官宦在長途跋涉之後，有短暫休憩的場所，在較大鄉鎮或交通要塞處才設有「驛」或「亭」，以供膳食、住宿。之後，交通媒介愈來愈多，在地方上逐漸有所謂的酒樓、餐館等私人經營場合，以提供遊客休憩、飲食等服務，這種簡陋且為家族式的經營方式可稱得上是今日餐廳的雛形。伴隨歷史的變遷、外食需求的增加，至清朝末期，北平才有具現代化設備的餐廳成立。發展至今，物質充沛的現代社會，餐廳除了是提供膳食、宴客之外，更成為家族聚會、聯絡情感的場合，亦是舉辦大型活動及會議的地點。為了因應多元化的需求，各大型觀光飯店的營收主力，漸漸由客房部門轉向

餐飲部門。由此可見，餐飲業發展的潛力無窮。

(二)西方餐飲業的發展

西方古羅馬、希臘人民，常因宗教、健康、愛好體育運動等因素，而出遠門從事觀光旅行，雖然當時外食習慣頻繁，但真正具有規模系統的餐飲經營，則至文藝復興之後才出現。西餐出自於義大利，1295年馬可波羅（Marco Polo）將麵條等麵食從中國帶回義大利，導入了調味香料。發明叉子的也是義大利人，但現今西餐的主流是法國菜，義大利菜反而居次。1650年英國牛津出現咖啡屋，可算是餐飲現代化的前身。直到1850年巴黎Grand Hotel設立開始，才具有現代化餐飲設施。到了現代，美國餐飲業發展成國際性的連鎖餐廳，遍及全球，為餐飲業注入新氣象。目前小型的快餐廳、咖啡館及大型的西餐廳隨處可見。

第二節　餐飲業的種類

餐飲業的種類，可從餐廳的分類和餐食的種類來區分。茲就不同類別為主體，將目前餐飲業經營型態分別陳述之。

一、餐廳的分類

關於餐廳的分類方面，茲就服務方式、經營方式及提供餐食的種類敍述如下：

㈠以服務方式區分

以不同的服務方式，可將餐廳區分為：餐桌服務型餐廳 (table service restaurant)、櫃枱服務型餐廳 (counter service restaurant)、自助式型餐廳 (self-service restaurant)、機關團體型餐廳 (feeding) 及其他類型的餐廳。分別說明如下：

■ 餐桌服務型餐廳

餐桌服務型餐廳講求餐飲環境的高雅與提供設備的完整性。在顧客光臨前須將桌椅配置完善，接受客人指定的菜單，由服務人員將菜餚和飲品端至桌上，此類流程亦是現階段餐廳最見的服務方式，重視服務與技術。這類以餐桌服務為主的餐廳有：咖啡廳、酒吧及飯店內的餐廳等。

■ 櫃枱服務型餐廳

櫃枱服務型餐廳設有開放性廚房，並於前面設置服務枱及桌椅，食品直接由服務枱人員送至客人手中。服務枱更可充當餐桌使用，快速且不收取小費是此類餐飲的特色，顧客可一眼即瞧見餐廳運作情況，一般為飲料供應站、點心店、小吃店等。

■ 自助式餐廳

自助式餐廳設置有長條桌擺置菜餚，由客人自行動手選擇所喜愛的食物。自主性高、迅速、便宜是此類餐飲的最大特色。近幾年來因深受各階層人士的喜好，許多觀光大飯店，也相繼推出自助性餐食，吸引一般大眾前來消費。

■ 機關團體型餐廳

一般於大型機關所附設的餐廳皆屬於此種類型，主要目的在於提供簡便、衛生、價格合理的膳食，供機關單位的人員享

用，此一類型餐廳大多不以營利爲主要的目的。因設置地點的不同，可以分爲：員工餐廳（industry feeding）、學校餐廳（school feeding）、醫院餐廳（hospital feeding）、工廠餐廳（feeding-in-plant）及空中廚房餐廳（fly-kitchen）五種。

1. 員工餐廳：一般公司或企業團體設置的員工餐廳。
2. 學校餐廳：學校內提供餐食給學生和教師的餐廳。
3. 醫院餐廳：醫院內設置的餐飲機構。
4. 工廠餐廳：工廠裡設置的餐飲設備。
5. 空中廚房：一般爲提供航空公司或機場飲食業務的單位。

■ **其他服務方式**

其餘尚有自動販賣機的服務方式（vending machine）或投幣於餐食機中，自行選擇食物的自動化餐廳（automat restaurant）等。

㈡以經營方式區分

以餐飲業的經營方式而言，主要有兩種基本型態，分別是獨立經營的餐廳（independent restaurant）和連鎖經營的餐廳（chain restaurant）。

■ **獨立經營的餐廳**

獨立經營的餐廳可能爲單獨一人投資或數人合夥擁有的型態，其特色在於每家餐廳無論投資者是否相同，皆分別獨立營運，毫無連鎖相關性，且各自擁有自行的餐飲操作流程、膳食供應方式與供餐內容等。因屬於各自爲政的方式，其投資者可視餐廳屬性調配投資金額大小，隨時更換菜單，舉辦各類行銷

活動，或為餐廳硬體及軟體設施做不定期性的調度。

■ **連鎖經營的餐廳**

對於立志開設餐廳卻又礙於知名度或口碑不足的投資人來說，加盟大型連鎖型餐廳體系，不失為達到其理想的好方法。

從十九世紀來，美國西部一位餐廳連鎖業者開設第一家餐廳開始，以連鎖加盟的經營方式大肆攻占傳統型獨立經營市場，以速食業起家的「麥當勞」即是一項成功案例。

投資者於事前應支付一筆特定的權利金，或約定將利潤某部分比例回饋給連鎖系統公司，爾後即可獲取代理商資格，擁有連鎖企業名號，運用其知名度營運。投資者必須配合企業經營理念和策略等營運方式，無法獨立自行決定餐廳取向。優點是藉由連鎖企業豐富的資源，可以節省廣告費用、人事支出、研發與行政等開支。

(三)以提供餐食的種類區分

就台灣目前較受歡迎的餐食類型來分，概分為綜合餐廳和主題餐廳二種。

■ **綜合餐廳**

就綜合餐廳而言，指的是菜色的花樣繁多，且不限只有一種餐食提供的餐廳，依口味的不同可分為中餐廳、西餐廳和日本餐廳三種。

1.中餐廳：中餐廳基本上以提供中國大陸各地區膳食和飲品為主，如著名的江浙菜、四川菜、廣東菜等，以此類飲食為服務主題的餐廳。

2.西餐廳：包含歐美各國的餐食提供，以西方服務方式為

主的餐廳。供餐順序有其固定流程，大致可分為前菜、濃湯、主菜、甜點及最後的飲料。

3. 日本餐廳：日本料理的特色是精緻、清爽可口且較不油膩。無論是簡單的壽司吧或是高級的日本餐廳，日式的裝潢，涵蓋濃厚的日本文化風格，無怪乎有極大的顧客群。

■ 主題餐廳

所謂的主題式的餐廳是以某一主題為主的餐廳，如專門販售牛排、羊排等，或以雪茄、冰淇淋等為號召訴求的餐廳。

二、餐食的分類

餐食的分類可從供餐時間和菜餚配置的方式來分。

㈠以供餐時間來分

供餐時間可分為：早餐 (breakfast)、早午餐 (bruch)、午餐 (lunch)、下午茶 (afternoon tea)、晚餐 (dinner) 及消夜 (supper) 等六個時段，另外也有二十四小時都供餐的速食餐廳，如吉野家。

■ 早餐

早餐可分為美式早餐、歐式早餐及中式早餐。

1. 美式早餐：土司麵包加蛋、火腿或鹹肉，以果汁、茶或咖啡為飲品。

2. 歐式早餐：牛角型麵包，不加蛋，以牛奶或咖啡為主要飲品。

3.中式早餐：北方的豆漿和燒餅油條，清粥小菜等。

■早午餐

早午餐是早餐或午餐合而爲一的餐食，提供早餐時段後、午餐前的餐食選擇。

■午餐

午餐是中午的餐點，又稱之爲tiffin，通常在中午十一時三十分到下午二時間進行，內容及種類比早餐豐富。

■下午茶

下午茶的時段通常是介於二時至五時，提供精緻的餐點及飲料，藉以提供顧客用餐的多樣性，同時又可充分運用餐飲設施服務資源。

■晚餐

晚餐是工作或辛勞一天後的餐食，一般而言，晚餐的用餐時間較爲充裕，且較其他時段的餐食更爲豐盛。

■消夜

消夜是比晚餐更晚的餐食，以歐美地區而言，屬於較高格調且較正式的另一種晚餐型式。

㈡以菜餚配置方式來分

以菜餚配置方式可分爲和菜＆套餐（table d'hote）、點菜（a la carte）及自助餐（buffet、cafeteria）三種。

■和菜＆套餐

由餐廳先安排好固定的菜色及樣式，主要包含湯、海鮮類、主菜、甜點、飲料等餐食內容，而套餐的費用是事先訂定好的。

■ 點菜

　　顧客可由餐廳準備好的菜單上，自行挑選喜愛的菜色組合，其計價方式則以點菜的單價及數量加總計算。

■ 自助餐

　　buffet的方式是以人數為計價方式，一般而言，每一位顧客皆採固定價格方式，顧客可自行於供食桌上選取喜好的餐食，服務人員不提供餐食傳遞的服務；至於cafeteria方式也是由顧客自行選取餐食，而服務人員不進行傳遞服務，但與buffet的相異點則在於計價方式上，cafeteria是以顧客選取餐食的種類和數量來加以計價。

第三節　經營餐飲業的特性

　　餐飲業屬於服務業的一種，但是比一般的服務業更為特殊，所提供的服務是立即呈現的，產品無法長期儲存。歸納餐飲業經營的特性包括：即時性、綜合性、地區性、公眾性、異質性、產品不可觸摸性、不可儲存性、時間輪值性和應變性。茲就以上特性詳述如下：

■ 即時性

　　餐食的提供和服務是同時進行的，當餐食服務完成後，所提供的服務產能就消失了。顧客只留下印象及回憶，所以如何達到顧客滿意是餐飲業者必須十分謹慎的課題。

■ 綜合性

　　餐飲業為了提供消費者更便利、更完善的服務，相對地擴大了服務的範疇。除了在餐廳內的餐飲服務外，還設有外燴或

外送的服務。提供書報雜誌、娛樂設備、會議設備等。

■ **地區性**

餐飲業的設備和裝潢具有不可移動性，因此地區性的特性會影響餐飲業經營的客源，包括：所在的地理位置、交通、停車場容量等。

1. 所在的地理位置：應設在人口集中、流量大的地區，尤其應和附近的客人結合。
2. 交通：交通的易達性是影響客源的重要因素，如果交通不便，難以到達，則容易流失客人。
3. 停車場容量：餐廳本身有附設停車場最好，或者和附近的停車場地簽約，消費多少可免費停車幾小時等優惠。

■ **公眾性**

餐廳屬於公共場所，餐飲業者必須符合法令，在設置餐飲設施時，必須考量大眾的安全與便利。

■ **異質性**

餐飲業的服務無法如製造業一般完全標準化，即使服務的流程標準化，遇上不同需求、有不同期望的客人，服務的內容就必須因人而異，所以餐飲業者必須在服務策略上特別用心。

■ **產品不可觸摸性**

餐飲業的消費者無法事先試用再決定消費與否，只能靠口碑或廣告決定是否到此餐廳用餐，當餐點擺上桌時，無法靠觸摸來感覺是否美味，而是要親自品嚐。所以，餐飲的服務具有不可觸摸性。

■ **不可儲存性**

一般商業產品可以事先製造出來存放，餐飲的食物講究新

鮮，物資、原料儲存的時間也十分有限。除非是自助餐全部要事先烹調好，否則大都是接受顧客點菜後才開始製作，菜餚完成後馬上上桌。

■ **時間輪值性**

餐飲業的服務時間較長，有的甚至全年無休，所以員工的工作時間必須採行輪班、輪休制。為配合用餐時間，有採用二頭班或三頭班的上班時間。

■ **應變性**

不但環境會變，消費者的消費習慣和態度也會改變。因此餐飲業者必須對整個環境的改變，具有高度的敏銳力；而餐飲服務人員，則必須具備高度的應變能力，以應付各式各樣的客人。

第四節　餐飲業的組織

餐飲業是個勞力密集的行業，如何讓管理者和員工在組織內各司其職、互相合作，是餐飲業經營成功的要件之一。在這一節當中，即將介紹餐廳的組織結構。在組織結構裡面，先釐清餐飲業組織的目的，再介紹餐飲業組織結構的類型。

一、餐飲業組織的目的

餐飲業的組織是一種管理餐飲業的工具，指的是餐廳內一群執行不同工作，但彼此協調統合的人，為達餐廳的共同目標而結合的組合。在組織的系統中明確訂定餐飲業中個人的責任

與權利，進而幫助建立團隊，發揮餐廳整體的最大效益。儘管各種不同類型餐廳的組織型態有異，但組織的目的則是一致的，提供最佳的服務以獲取營業利潤。

餐飲業的組織有職責劃分、負責層級、部門關係和升遷管道幾項目的。

1. 工作職責劃分：瞭解自己在餐廳內的工作職責及所屬部門。
2. 負責層級：清楚職位的分佈及自己所在的位置，瞭解該對誰負責。
3. 部門之間的關係：藉由餐飲組織結構，可以一目瞭然餐飲業中包括的部門有哪些，以及與其他部門間的關係。
4. 升遷管道：餐飲業的組織表中透露員工的升遷管道，可以依循目標向前邁進。

二、餐飲業組織結構類型

Mintzberg認為：「為了更瞭解各個組織的特性，必須對實際環境中的組織，加以擴大、誇張，或明確固定它的特性，使組織間的差異明顯」。因此餐飲業組織規模的大小、採用的策略、職權劃分和外界環境等因素，運用在餐飲業的組織結構上有所差異。以餐飲業而言，在組織的結構類型的分類上，可約略分為以下三種：簡單型結構（simple structure）、功能型結構（functional structure）和產品型結構（productional structure），以下分別介紹這三種餐飲的基本結構。

■ **簡單型結構**

　　簡單型結構只比「無結構」的餐飲業組織略強一點，屬於所有權和經營權由一人兼具的組織結構。小型的餐飲業大都採用簡單型結構，老闆兼任經理職務，這類型的組織圖較為扁平，利用成員間彼此相互反應作用，以非正式的方式進行協調。優點是問題的反應快速、節省時間、餐飲業的決策管理者可以很快的獲得訊息；缺點是所有的關鍵都操控在總經理一人身上。

■ **功能型結構**

　　專業功能型組織是將餐飲業「部門化」（departmental-ization），一個餐飲業發展至某一階段，由於員工的編制擴大，為了便於管理控制，讓專長相近的員工可以較容易溝通，而將類似或專業相關的人員集合在同一部門，稱為「部門化」。

　　大型的觀光旅館的餐飲部或大型餐廳，可能會另外附設餐務部，專門負責餐飲器具的清潔與保管、控制餐具的使用、避免浪費或重複訂購。像這樣按照工作性質和內容來區分的結構，是典型的功能型結構。（如**表1-1**）

■ **產品型結構**

　　依照餐飲業產品的特性，通常產品型的組織結構將餐飲業劃分為外場與內場。外場部分直接面對客人，提供服務；內場則負責廚房作業。產品型結構比較重要的影響因素為公司與前場，或公司與後場之間的結構性關係。最大的優點是責任劃分十分清楚，發生錯誤時責任不易推諉，但是也可能因為分得太清楚而造成協調不佳。

表1-1　大型旅館餐飲部組織表

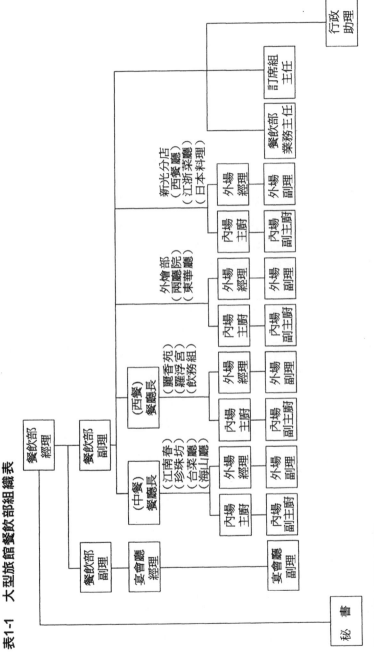

資料來源：福華大飯店

第二章　廚房作業

廚房是食物完成製備的地點，是廚師對原料加工、烹製各種食物的場所，所以廚房作業是餐飲業重心的所在。基本上先要有硬體的設備、工具，再搭配特殊的烹調技術，才能完成美味可口的菜餚。本章茲就廚房設備的基本條件先談起，再分別介紹中餐和西餐的廚房作業。

第一節　廚房設備的基本條件

　　廚房的餐飲設備有六大類型，包括調理機具、烹調機具、製冷機具、炊飯機具、洗淨及消毒設備、作業用具等設備，以下的內容會從中式廚房和西式廚房分別敘述。

　　無論是中式或西式廚房設備的基本條件都相同，應該具有以下各種特性，包括耐用、容易使用、易於清潔、表面平滑、容易檢查和無吸附性等特性。分述如下：

1. 耐用：在正常情況的使用下，所有的廚房設備應該是耐磨擦、耐用、抗腐蝕、抗磨損的。
2. 容易使用：廚房設備的功能不論簡單與否，使用方式都應標示清楚，便於操作使用，讓工作者得心應手。
3. 易於清潔：餐飲設備首重衛生，當表面或設備有污穢時，能立即清潔才能保持乾淨，確保食物原料的衛生。
4. 表面平滑：與食物接觸的設備表面，如果凹凸不平或有裂痕、破損，容易藏污納垢，所以應注意設備的表面平順光滑。
5. 容易檢查：為了確保廚房作業的流暢，設備應儘量容易

維修檢查，避免難於拆卸或分解的設備。

6.無吸附性：尤其是廚房設備的表面應無毒、無臭，不會吸附食物或雜物，避免影響食品品質的材料。

第二節　中　餐

關於中餐的部分，先敍述中餐的特色，再介紹中式廚房及中式餐食的烹飪。

一、中餐特色

中國飲食文化源遠流長，對於吃的方面十分講究，中餐烹飪的特點是烹飪時重油、重火工以及重醬色，將所烹飪的食物，同時展現色、香、味俱全的效果。以下先介紹中式菜餚的特點，再說明中式地方菜的特色。

㈠中式菜餚的特點

中國菜注重色、香、味俱全，善於選用多種原料和佐料搭配，加上刀工和火候的控制，將菜餚做得多彩多姿。主要的特點包括選料講究、配料巧妙、刀工精密、烹調方式多樣、注重火候控制、講究盛裝器皿等。分述如下：

1.選料講究：廚師們在以美味養身為標準之下，選擇主配料、調味料和輔佐料的原料，力求達到鮮活、對味的效果。

2.配料巧妙：中國菜特別重視口感，在菜餚的烹製上，除了選擇合適的主原料外，還特別強調配料的拼配，不但外表色彩鮮明和諧，品嚐起來更要求五味調和。

3.刀工精密：在刀工的過程分為初加工和細加工兩道手續。精細的刀工能使原料受熱均勻，美化菜餚的形狀，切菜的刀法分成片、絲、丁、塊、粒、末、條、段等。

4.烹調方式多樣：烹調的方式有、爆、煮、炸、烹、蒸、溜、燒、烤、扒等，在以下的章節會有詳細的介紹。

5.注重火候控制：火候的大小和加熱時間的長短，是菜餚可口與否的一個重要關鍵。

6.講究盛裝器皿：清代袁枚在「器具須知」中提到：「宜碗者碗，宜盤者盤，宜大者大，宜小者小，參錯期間，方覺生色。……大抵物貴者宜大，賤者宜小。煎炒宜盤，湯羹宜碗。煎炒宜鐵鍋，燉煮宜砂罐等等」。這段話道出了餐具配用的原則，宜選用合適的器具來襯托。

㈡中式地方菜的特色

各個不同的地方菜形成中國菜的特點，以下分別就北平菜、四川菜、江浙菜、湖南菜、福建菜及粵菜六大菜系做介紹。

■ 北平菜

北方人以麵食為主，所以北平的鍋貼、烙餅、拉麵、餃子、燒餅等，口味眾多且鹹甜適口，十分有特色。由於北京的地理位置偏北，加上氣候和人文因素的影響，羊肉的料理以「爆、涮、烤」的烹調方式聞名。

■ 四川菜

四川菜簡稱川菜，川菜有成都、大河及小河之分。四川人愛吃辣，辣椒是川菜的主要調味料之一，使用的方法有其獨到之處。湯味分成清湯和奶湯。清湯講究清澈見底、明亮如水，奶湯則是色白如乳、濃而不膩。

而盛行的「魚香味」是用泡製的魚辣子，配上蔥、薑、蒜、糖、醬油和醋等佐料，川菜的魚常用此法的複合香味，例如，魚香茄子、魚香肉絲等菜餚，爲川菜的一大特色。

■ 江浙菜

江浙菜多以醬油和糖爲主要原料，所以吃起來的味道多是甜甜鹹鹹的，而外表看起來的色澤則呈現醬的顏色，以下列舉幾種江浙菜來做說明：

1. 寧波菜：以蒸、烤、燉的烹調方式聞名，多用海鮮，口味鹹甜合一，特別注重保持食物原味。
2. 揚州菜：選料特別講究，配料較少，重用原湯汁，配料較少，口味較平和，多用燉的方式烹調，主要的點心包括油酥點心、發酵麵點、燙麵點心等。
3. 杭州菜：杭州菜以清淡爲主，少辛辣、少醬油、少油，口味清醇。
4. 上海菜：在上海吃的東西五花八門，特色是味道濃厚、糖放得重、油多、色澤鮮艷，以海鮮居多，常見的烹調方式有清蒸、油燜、紅燒、炒、燴等。
5. 蘇錫菜：以蘇州和無錫爲代表，蝦、魚、蟹類和糕餅類的烹調較爲有名。

■ 湖南菜

湖南地方包括洞庭湖區、湘江流域和湘西地方三大地區的風味爲主。這些地區的地勢較低，氣候溫暖而潮濕。湘菜調味的一大特色是使用辣椒，具有提熱、驅風、去腥的效用。口味方面講究香、辣、鮮、嫩。

■ 福建菜

福建菜首重海味的烹調，清新而不膩，有道非常著名的菜「佛跳牆」，據說是福州西禪寺附近的名菜，味道之鮮美，連寺內的佛也禁不住要跳出牆來嚐嚐看。

■ 粵菜

由於廣東在較早以前接受到西洋文化，使得粵菜除了吸收一般的食譜之外，還吸收了西餐烹調的技巧。主要的代表有港式飲茶、廣東粥、滿漢全席等。粵菜由廣東菜、東江菜和潮州菜三種派系組成。

1. 廣東菜：擅長炒、煎、烤、焗、蒸等烹調方式，調味品多用梅醬、蠔油、蝦醬、沙茶和紅醋等，味道講究油而不膩。

2. 東江菜（客家菜）：菜品多爲肉類，下油重，喜用豆鼓入味，主料突出，有獨特的鄉土氣息。

3. 潮州菜：刀工十分講究，輕油、少鹽，最具特色的菜餚有素菜、甜菜等。

二、中式廚房介紹

以下就中式廚房的設備、廚房配置和各區負責的工作內容

做介紹。

㈠中式廚房的設備

中式廚房的結構設備，是從各工作特點來劃分的。中式廚房一般分為調理機具、烹調機具、製冷機具、洗淨與消毒設備等。

■ **調理機具**

中式廚房的調理機具包括砧板部分、水台部分和原料加工設備。

1. 砧板部分：包括砧板、材料櫃和洗菜槽。
   - 砧板：可用在菜餚烹調前的切配或是烹調後的改工、加工。
   - 材料櫃：放置各種經切置、醃製後的原料，方便配菜之用。
   - 洗菜槽：洗滌蔬菜和浸泡各種烹調原料的地方。
2. 水台部分：包括貨架、砧板及清洗設備。除了大型的洗滌槽外，還有大盆、水桶，用於宰殺海鮮魚類或家禽後的沖洗及浸泡。
3. 原料加工設備：原料加工設備包括和麵機、攪肉機和攪拌機三種。
   - 和麵機：和麵機是麵點加工的主要設備，有立式和臥式二種，立式和麵機的攪拌主軸和地面垂直，臥式和麵機的攪拌主軸和地面平行。多種的麵類食品如麵包、糕點、饅頭等所需的麵糰，均可按其不同的要求進行攪拌。

- 攪肉機：攪肉機可以快速的製作肉餡，製成肉包、包子、餃子等麵製食品。有直立式和臥式，其中以立式的攪肉機使用較為廣泛。
- 攪拌機：主要由機架、電機、變速箱、直立軸、烹調機具攪拌槳和原料桶所組成。攪拌機能將含水量較高的醬狀原料，進行攪拌及混和，可用於攪拌蛋類、奶油和餡料等。

■ 烹調機具

中式廚房的烹調機具包括灶台部分和烤爐部分。

1. 灶台部分：灶台是廚房設備的中心環節，包括調味台、炒菜灶、油灶、平灶和蒸灶（蒸箱）等。
   - 調味台：用來放置各類的調味料和油桶。
   - 炒菜灶：大型的炒菜灶以三眼的居多，兩個主火，一個子火。炒菜灶包括燃氣供應系統、灶體和爐膛等部分。
   - 油灶：灶面上有油桶和炸製工作的用具，是菜餚、食物成品和半成品的加熱或熟製的工作場地。
   - 平灶：平灶式的灶面是平的，由多個小型的火口所組成，主要用來加熱少量的食物或烤鐵板。
   - 蒸灶或蒸箱：是製作蒸類菜餚和麵點的烹調設備，水加熱後利用水的熱氣使食物成熟。蒸箱的主體由灶架、鍋、燃燒器、面板、自動加水裝置和下煙道組成。
2. 烤爐部分：烤爐設備多用於燒臘類菜餚，因體積大且熱度高，所以大都單獨設置在一室中，包括烤爐和烤箱設備。

- 烤爐設備：利用熱空氣的循環對流，均勻的使食物原料熟透。有高筒型和坐地型的烤爐，使用高筒型的烤爐時，將原料用鐵鉤掛起，置於烤爐內烤製；而另一種坐地型的烤爐呈長形，有凹槽，內有碎的烤石，待碎烤石燃熱後，將乳豬用鋼叉叉起，工作人員將乳豬置於烤槽邊，一邊烤一邊翻動。
- 烤箱設備：燒臘部或點心部多使用烤箱來烤製菜餚及點心。

■ **製冷機具**

製冷的機具包括冷凍庫和冰箱。冷凍庫一般有兩室，一室的溫度維持在8°C或以下，另一室是恆溫的，溫度維持在零下3°C或以下。

■ **洗淨與消毒設備**

餐具使用過後必須洗淨及消毒。

1. 洗淨設備：分為人工的洗碗槽和洗碗機。
2. 餐具、餐巾消毒機：餐具消毒機有直接通氣式和紅外線加熱式二種。
   - 直接通氣式消毒櫃：用管道將鍋爐蒸氣送入消毒櫃中，又稱「蒸氣消毒櫃」，沒有其他的加熱零件，使用較為簡單。
   - 紅外線消毒櫃：利用紅外輻射電加熱元件，可迅速升溫且可一機多用。

㈡中式廚房配置

中式廚房一般可分為配菜間、加工間、熱菜間、冷菜間、麵點間、冷藏庫及乾貨間等。

■ 配菜間

在配菜間所負責的是餐廳接受點菜後，原料的切配和準備工作。工作特性必須切配迅速、配料廣泛、加工精細。在配菜間的主要責任包括以下幾點：

1. 備料準備：事先檢查備料的品種、數量，理論上應按照菜單上的菜色，儘量準備齊全。
2. 看清楚菜單：見到菜單後，要看清楚所記載的菜色名稱、份數、有無特別要求，切配時要符合要求，準確地抓料。
3. 菜時不足時：個人點了菜單上的菜，廚房沒有準備時，應向客人說明情況，並介紹口味類似的菜色給客人。
4. 特別要求：對於菜色或湯汁的特別要求要儘量配合，如加不加辣的問題等。
5. 菜夾：菜夾不要弄錯，當送來的菜單多，配菜人員也多的情況下，更應特別注意。
6. 配菜完成時：配菜完成時應立即送到火上烹調，以保持新鮮。

■ 加工間

通常加工間又稱為「廚房的總後勤」，負責整個原料的加工、儲存和保管。工作面積大、作業的流程長、工作瑣碎複雜、工作量大。通常加工間又細分成宰割間、素菜間和細加工間。

1. 宰割間：負責各種動物的宰、掏、挖、刮、洗的處理工作。

2. 素菜間：專門負責各種蔬菜的去皮、清洗、切片等加工工作。

3. 細加工間：負責簡餐、宴會的配料和原料的加工。

■ 熱菜間

　　菜餚的烹調工作是在熱菜間完成的，所以熱菜間是整個菜餚烹製過程的中心環節。中式菜餚烹調的方式繁多，調料種類複雜，必須動作靈活、控制火候、迅速出菜，其基本工作包括以下幾點：

1. 檢查設備：上班前先檢查用具、炊具，分工備齊調味料等原料。

2. 「四不做」：原料變質的不做；加工不均勻的不做；配料不齊的不做；加工過程不合格的不做。

3. 「七不出」：火候不足、味道不對的菜不出；顏色不對的菜不出；菜量不足的菜不出；拼排不整齊的菜不出；溫度不夠的菜不出；配料不足的菜不出；器皿、碗盤有破損的不出。

■ 冷菜間

　　冷菜間負責各種冷菜的加工、製作、拼盤等工作。衛生的要求尤其嚴格，並講究口味組合的搭配。主要的職務有：

1. 衛生：必須事先使用消毒水消毒各種所需的設備及器具。

2. 剩餘食物的處理：食物完成後的保存期間要特別注意，

超過時數，視食物的不同而加以丟棄或再加熱處理。

3. 分類存放：做好的冷菜要分開儲存，尤其是容易串味的食物，絕不可一起儲存，以免失去原味。

4. 冷盤分量：冷盤的分量要準確，口味配合，美觀大方。

■ **麵點間**

負責米飯、麵食和點心的加工及製作。在各環節必須嚴謹、準確的用料。擔任麵點間工作者所負責的工作包括以下幾點：

1. 原料的使用情況：檢查食品用料的使用情形和剩餘量，過期的物料不可使用。

2. 設計點心：根據宴會通知單的要求，領料加工，配合菜色及不同季節搭配不同的主食點心。要經常變化，創造新口味。

3. 適量：饅頭、米飯等適量出菜，避免多次回籠加熱處理。

4. 不使用化學添加劑：嚴禁為了讓食物保存更久而使用化學添加劑；也絕不使用變質的原料。

■ **冷藏庫**

冷藏庫負責儲存廚房所有的鮮貨原料。負責的工作內容包括：

1. 計畫進貨：加強驗收管理，保證原料的新鮮，根據情況進貨。

2. 分類存放：按照品種的分類是很重要的，才能清楚庫存多寡，拿取方便，遵守「先進先出」原則。

3. 適宜的溫度：經常檢查冷藏庫的溫度，存放物料的多少會影響溫度的高低，為了保鮮，溫度一定要在合適的範

圍內。

4. 領取手續：嚴格執行領料手續，視領貨單發放，不得多領。

■ 乾貨間

乾貨間存放的是廚房內一切的乾貨、油料、糧食等原料，負責計畫進貨、出貨。負責人員的責任有：

1. 完善的保存：保管的原料應勤加檢查，以不發霉、不被蟲咬、不腐爛為原則。

2. 分類整齊：分類、分格存放整齊。

3. 進貨時：進貨時有四點應特別留意，即數量與發票不符時不收；被蟲咬過的不收；規格不合的不收；腐爛變質的不收。

4. 發放時：憑領料單才可以發放物料。

三、中式餐食烹飪

烹調是將菜餚從生的變成熟的，並加以調味全部過程的總稱。中餐之所以能聞名全世界，除了各式各樣的烹飪材料外，其烹調技術更是中式飲食文化中十分重要的一部分。

㈠中國菜的烹飪原料

所有供給烹飪使用的原料，都稱為烹飪原料。原料的種類繁多，以下從原料的來源、性質、加工與否、生產過程和烹調用途來區分，有系統的瞭解原料的性質和特點。

■ 以原料的來源來分

　　根據原料的自然來源，可分成植物性原料、動物性原料和礦物質原料。

　　1.植物性原料：包括小麥、大米、蔬菜和瓜果類等。
　　2.動物性原料：肉類包括豬、牛、羊、雞、鴨、魚；貝類、蛋等。
　　3.礦物質原料：小蘇打。

■ 以原料的性質來分

　　依照原料的性質可分為蔬菜、糧食、家禽類、家畜類、蛋類、水產、調味品、油脂、肉類及肉製品、乳品、水果、酒類等。

■ 以原料是否加工來分

　　按照原料加工與否可分為乾貨、鮮料及再製品三大類。

　　1.乾貨：乾貨指的是經過脫水、醃製或曬乾的原料，如魚干、乾果、海米等。
　　2.鮮料：鮮料是指鮮活的原料，如活魚、活雞（鴨）、鮮肉類、新鮮蔬菜、新鮮瓜果類等。
　　3.再製品：再製品原料指的是加工後的外形、口味和原來原料不同的原料，如臘肉、香腸、豆腐乳和罐頭等。

■ 以生產過程來分

　　從生產的過程來區分原料，可分為主料、配料以及調味料等。

■ 以烹調用途來分

　　從烹調觀點來分的話，可分成主食原料和副食原料。

㈡中式餐食的主要烹調方法

　　各式各樣的美味佳餚，在烹調的過程中，無論從火候上、時間上及烹飪的工具上，都有不同的要求。而主要的烹調方法有炒、爆、煮、炸、烹、蒸、溜、燒、烤、扒等。

■ 炒

　　炒是由少量油傳導熱量，是最廣泛使用的烹調方式之一。炒的過程是先把菜餚切洗好後，鍋內適量的油先燒熱，爆完香料後，投入菜料，利用大火熱油的熱能，讓菜餚在短時間翻炒成熟，加入調味品拌勻即可完成，一般可分為生炒、滑炒、熟炒、乾炒等。用炒的方式所烹飪的菜餚，原料的形狀大都是用菜刀處理過的小型丁、絲、條、片等。炒的特色是火要旺、時間短、速度快，如此的方法營養成分散失的較少。

■ 爆

　　爆和炒的方式類似，由中量油或水傳導熱量。根據原料的性質和配料、調味料的區別，分為蔥爆、醬爆、油爆、鹽爆等不同方式。特點是旺火熱油，烹調前先拌好調味汁，調味後快速操作，再加調味品翻炒而成，使菜餚有光澤。使用爆的菜料多為小型無骨、厚薄粗細一定且鮮嫩易熟之材料。爆菜的特色是脆、嫩，食後盤中不會剩下澆汁。

■ 煮

　　煮是一種烹調方法，也是一種加工方法。將原料放入鍋中，加入適量的水用大火燒滾，由水傳導熱量，至食物煮熟為止。分為三種，煮成菜餚、煮料和煮湯。根據菜餚的需要，有加調味料和不加調味料之分。

■ 炸

炸是把油加熱到預定的溫度，將原料放入滾油小火的油鍋裡，利用油的熱能，使菜餚在很短的時間內成熟，或使其顏色變黃、變酥，是一種使用多量油、菜餚無湯汁的烹調方法。炸可分為清炸、軟炸、乾炸、酥炸、浸炸等方法。炸的菜餚有的要先拌味，有的直接下鍋炸。炸的溫度根據原料的性質而異，有時用沸油，有時用溫油。

■ 烹

把已經先用油炸透的原料，以適量的調味汁沾勻的方式稱為烹。基本方法是用熱油炸成金黃色，用不同的調味料烹的時間要短，所以要求動作要迅速，否則如果湯汁完全乾掉則失去烹的意義了。適合於烹的東西有小型的段、塊及帶有小骨或薄殼的部分，例如，明蝦的「段」、雞的「塊」、魚的「塊」等。

■ 蒸

蒸是用蒸氣加熱的烹調方法，把準備好要蒸的材料加上適合的調味品、湯汁或水，架在鍋內水的上面或放在蒸籠內，利用水蒸汽的熱力使菜餚成熟。不但適用於製作菜餚，也用於材料的初步加工和菜餚的保溫。只需蒸熟但不需蒸爛的菜餚，應用旺火，以保鮮嫩；而需要細緻加工的菜餚，則用微火慢蒸，以保存菜餚的形狀和色澤。

■ 溜

溜是一種綜合性的烹調方法。第一步驟先把原料用炸、蒸、煮的方式後，第二步驟將材料從鍋中取出，做澆汁，將汁淋在材料上，或把材料放入之中攪拌皆可。依不同的材料及做法，可分為脆溜、軟溜、滑溜、醋溜、糟溜等。

■ 燒

燒是把煮過或過油初步加工的原料,加入調味料和湯以大火燒開,或小火燒入味加工的過程。常使用的有紅燒、清燒和蔥燒等方式。

■ 烤

將原料經過醃製或加工成半熟的製品後,再放入烤爐直接烤熟。烤的方法可分為暗火烤和明火烤。

■ 扒

扒是山東菜常用的方法。菜餚先經過燒、蒸等方式烹熟後再扒。做法可分為紅扒和白扒。用少量的油和水傳導熱量,原料整齊下鍋,然後再整齊的出鍋,菜餚外型美觀、原汁原味。

第三節　西　餐

在西餐的部分,包括西餐的特色、西式廚房的介紹以及西式餐食的烹飪。

一、西餐特色

以下將西餐的特色和各國西餐菜餚做一介紹,敘述如下:

㈠西餐特點

西式菜餚的特點包括調味料講究、少量操作及工藝精緻等。

1. 調味料講究：調味料的種類十分多樣化，一道菜往往就需要許多調味料才能完成。酒在菜餚烹製上的應用是中式菜餚中較為欠缺的，法式菜餚尤其突出，常用的酒類有白葡萄酒、紅葡萄酒、白蘭地、藍姆酒和甜酒等。

2. 少量操作：西式菜色的另一特色是多為單份製作，限量烹製，現吃現做，或一道一道的菜餚依順序烹調、上桌，分量不多。

3. 工藝精緻：特別是主菜的刀法繁雜、精緻，以西式炸豬排為例，就需要多道的工序：去筋、去肥、切塊、拍鬆、下味、拍粉、拖蛋、裹皮、油炸等手續。

(二)各國西餐菜餚介紹

以下把各國西餐的菜餚，包括英式、美式、法式和義式菜餚做一比較。

■ 英式菜餚

英國式的菜餚有家庭美食之稱。烹調時多以燒、蒸、燻、煮的方式烹調。講究鮮嫩，口味清淡，菜量少而精，選料時特別注重海鮮及各種蔬菜。英式菜色的特點是：清淡、油少、烹飪當中較少用酒。餐台上放著各種調味品，客人可依自己的口味任意添加。

英式菜餚較著名的有：雞丁沙拉、薯燴羊肉、明治排。

■ 美式菜餚

美式菜餚是從英國菜發展出來的，所以烹調的方式和英式類似。菜色簡單、口味清淡，鹹中略帶甜。常使用水果當成配料和菜餚一起烹煮，例如，蘋果烤鴨、波夢焗火腿。大部分的

美國人喜歡鐵扒類的菜餚，喜歡吃新鮮蔬菜及水果，對辣味的菜較不感興趣。

美式菜餚中較著名的有：烤火鴨、橘子燒野鴨、美式牛扒、糖醬煎餅。

■ **法式菜餚**

法國出口許多糧食、肉類、奶製品和水果等食物原料，豐富的物產資源，推動飲食及烹飪的發展，法式的菜餚是西方國家中飲食最著名的。特點是選料廣泛，如鵝肝、蝸牛都是法式菜中的美味佳餚，加工十分精細，比較講究吃半熟或生食，牛排、羊腿以半熟鮮嫩為其特色，海鮮類有的生吃，烤鴨類則為五或六分熟。多項法式菜是用酒來調味，且都有嚴格規定。清湯用葡萄酒，海味食品用白蘭地，甜品則使用各式的甜酒或白蘭地。

法式菜餚的名菜有：鵝肝排、馬賽魚羹、鴨肝牛排、紅酒山鴨等。

■ **義式菜餚**

義式菜餚的特色是原汁原味，以濃湯著稱。烹調的方法注重炸、燻，另外煎、炸、炒、燴的烹調方法和奧地利、匈牙利等地的口味接近。

義大利人喜愛麵食，所以製作的麵條十分多樣，有實心麵條、貝殼型及通心麵條型。

義式菜餚的名菜有：焗餛飩、乳酪焗通心粉、比薩餅、通心粉素菜湯和肉末通心粉等。

二、西式廚房介紹

　　西餐與中餐的特色不同，在廚房的製備方面也有所差異，以下分別就西式廚房的主要設備及工具加以敘述。

㈠西式廚房的設備

　　在西式廚房的主要設備方面，可分為調理機具、烹調機具及冷卻機具等設備。

■ 調理機具

　　在西式廚房的調理機具設備方面，包括打蛋機、粉碎混和機、麵包切片機、立式萬能機。

　　1.打蛋機：由電機、鋼製容器和攪拌機器組合而成。主要可用在打雞蛋、奶油、麵糰等。

　　2.粉碎混和機：由電機、原料容器和不鏽鋼的片刀組成。適合用於水果蔬菜的打碎，湯汁、調味汁的攪和。

　　3.麵包切片機：切片機可依麵包厚薄或規格的不同做調整。

　　4.立式萬能機：具有切片、粉碎、揉製、攪和等多功能。由電機、控制開關、升降裝置、選擇速度手柄、容器和各種攪拌器具組成。

■ 烹調機具

　　西式廚房的烹調機具包括爐灶設備和烤爐設備。

　　1.爐灶設備：西式的爐灶設備包括爐灶、深油炸灶、鐵扒

爐和鐵扒煎灶等。

- 爐灶：西式的爐灶主要特點是爐面比較平，明火沒有很強，散熱均勻。以燃氣灶為多，構造由鋼架、明火燃燒氣、暗火烤箱和控制開關等部分組成。有四至六個灶眼，較高級的還有自動點火和溫度控制的功能。

- 深油炸灶：主要用來炸製各種菜餚，由深油槽、油脂過濾器和控制裝置組成。優點是加強炸食物時的工作效益，且濾油方便。

- 鐵扒爐：西餐廳大都使用鐵扒爐來代替木炭爐，爐面是由很粗的鐵條製成，下面有很多不規則狀的鐵塊，熱從這些鐵塊傳出來，雖然和木炭比起來風味稍差，但工作效率高，且較衛生。

- 鐵扒煎灶（扒板）：鐵扒煎灶的表面是一塊平面的鐵板，四周圍是濾油槽，下方可以拉出存放剩油的鐵盒。

2. 烤爐設備：西式廚房中的烤爐設備，包括微波爐、烤爐和明火焗爐等。

- 微波爐：微波爐應用高頻電磁場加熱的原理，讓菜點分子劇烈振動，由內部產生熱。微波電磁場從磁控管產生微波，穿透菜點，優點是可以使菜的內外都同時受熱，失水少，營養不易流失。但是風味較差，所以大都使用於菜餚的再加熱，或迅速解凍肉類食物。

- 烤爐（烤箱）：一般烤箱的烘烤原理是對流式的，鼓風機讓受熱的空氣在整個爐中循環，熱空氣均勻的傳到原料或食物上，烘烤的範圍廣泛。

- 明火焗爐：西式菜餚有焗類的部分，都少不了這種焗爐，一般安裝在爐灶的上端，爐頂有兩排明火，中間

有一個能垂直升降的烤架，可使菜餚直接接觸熱源，在短時間內烤出顏色。

- ■ 冷卻機具

  西式廚房的冷卻機具包括製冰機和冷藏設備。

  1. 製冰機：典型的製冰機是由冰模、噴水器、循環水系、脫模電熱絲、冰塊滑道、儲冰槽等組成。整個製冰過程是自動的，可製成冰塊、碎冰和冰花。
  2. 冷藏設備：廚房中的冷藏設備，主要是具有隔熱保溫的外殼和製冷系統。一般有小型電冰箱、冷藏箱、小型冷藏庫，大都具有自動恆溫的控制和自動除霜等功能。

㈡西式廚房的烹調工具

西式廚房的主要烹調工具有煎盤、平底鍋、打蛋器、蛋鏟、肉叉、攪板等。

1. 煎盤：是烹調西餐中的主要工具。主要由熟鐵、鋁、不銹鋼或合金鋼製成，其中以直徑20～30公分的煎盤用途最廣。握煎盤的方法是手心向上，握在煎盤把的上部，握緊握穩但不能握死。
2. 帶柄平底鍋：大都由鋼精板製成，大小規格不等，有深底型、淺型和加厚型，常用來燜製菜餚。
3. 打蛋器：由鐵絲捆紮而成，實部是由很多鋼絲交織在一起而成為半圓形，主要用來打蛋液或其他液體菜餚。
4. 蛋鏟：多為不銹鋼製品，主要用來煎炒蛋類，鏟面上有長方形或小孔用來瀝掉油和水分。

5. 肉叉：鋼製品，叉齒堅硬。大叉通常有木柄、雙齒，用來叉大塊的肉類；小叉有三或四齒的，叉取小塊食物。

6. 攪板：是前端如船槳而呈平板狀的木棍，多用來打醬汁。

三、西式餐食烹飪

在西式餐食烹飪實務上，將冷菜和熱菜的製作分別敍述如下：

㈠冷菜製作

冷菜是西餐中的第一道菜，有時還當成主食，在西餐上佔有舉足輕重的地位。在口味上偏重酸鹹、能開胃、爽口、增加食慾，造型上講究色澤清淡和諧。以下分別介紹製作冷菜的基本要求和種類。

■ 冷菜製作的基本要求

製作冷菜時，有幾項基本的要求需特別注意，包括：過程衛生、冷藏保鮮、選料新鮮及用油講究等。

1. 過程衛生：冷菜是直接食用的菜餚，從開始製作到裝盤、送上桌，每一環節首重衛生，嚴格防止其他物質汙染。

2. 冷藏保鮮：事先製作完成的冷菜要在5～8℃下保存，切配裝盤後儘速上桌，以10～12℃下食用為佳。

3. 選料新鮮：無論生食或熟食，選擇各種蔬菜、海鮮、肉類時，要求新鮮、外型完整。

4. 用油講究：冷菜製作宜使用植物性油，如果使用動物油，凝結後會影響品質。

■ **冷菜的分類**

冷菜的分類很多，大體上分為調味汁、沙拉類 (salad) 及冷肉類等。

1. 調味汁：

   - 美乃醬：先將蛋黃放入器皿中，加上鹽、芥末、胡椒粉攪勻後，再倒入沙拉油一起攪拌，使蛋黃和油融合在一起。直到黏度高、不易攪拌時，再加入白醋和冷的清湯，顏色變淺，黏度降低，再將剩餘的沙拉油倒入，攪勻即可。

   - 千島汁：千島汁的使用十分普遍，製造原料包括美乃醬、蕃茄醬、鴨蛋、白蘭地、檸檬汁、青椒、酸黃瓜。先將煮熟的鴨蛋、青椒和酸黃瓜切碎，再加入所有原料一起攪拌即可。

   - 法國汁：法國汁的原料有法國芥末、白醋、沙拉油、清湯、蒜茸、葱末、辣醬油、鹽、胡椒粉和檸檬汁。先將所有原料攪勻，逐漸加入美乃醬，攪拌即可。

   - 義大利汁：先將酸黃瓜、黑橄欖切碎，黑胡椒碾碎，再把芥末、葱末、蒜茸、檸檬汁、紅葡萄酒、鹽、糖、香草等原料放在一起，攪勻後逐漸加入沙拉油，最後倒入紅醋攪勻即可。

2. 沙拉類：沙拉是使用可直接入口的生料或涼的熟料，加上調味品，或是冷醬和調味汁攪拌而成。沙拉的特色是色澤鮮麗，鮮嫩爽口，解膩開胃的作用。適用的範圍包

括各種蔬菜、海鮮、水果、蛋、肉類等，均可用來製作成沙拉。

3. 冷肉類：西餐冷菜部分的冷肉類可分成二種，一種是由廚師加工製作的，另一種是食品工廠加工好的成品。

- 廚師加工：製作方法大致上與熱菜製作相同，主要是烤、燜的家禽魚肉類。

- 食品工廠加工：西方國家的食品加工業很發達，各式各樣的肉製品也很多，常見的成品有火腿、香腸、魚子醬和燻醃製的魚類等，可以直接切配使用。

㈡熱菜製作

在西式菜餚的熱菜部分按部就班從配菜開始，到初步加工，以及各種烹調方式的介紹。

■ 配菜

所謂的配菜指的是與主菜相搭配的菜餚。一般西餐熱菜的主要部分完成後，還要在盤子旁或另一小盤內，配上少量的菜品，這些菜就稱為配菜。配菜的功用為：

1. 增加菜色的美觀：通常配菜由不同顏色的蔬菜製作而成，加工細緻，切成固定的形狀，如球狀或條狀，增加菜色的外觀。

2. 使菜餚富有特殊風味：配菜雖然可以隨性，但也有其規則可循，湯汁較多者常配上米飯，煎炸類菜餚則配上蔬菜，反而形成一種特色。

3. 達到營養的要求：熱菜的主菜通常使用動物性原料，而配菜類則用植物性原料製成，這樣的搭配使得營養更均

衡。

一般較常見的配菜搭配有以下三種形式：

1.以米飯或麵食作爲配菜。
2.單以一種花生製品作爲配菜。
3.以花生和兩種不同顏色的蔬菜作爲配菜。

■ *初步加工*

　　由於只是對原料做處理，所以不算是烹調，而只是加工過程而已。初步的加工可分爲熱油加工法、沸水加工法和冷水加工法三種。

1.熱油加工法：首先把要加工的原料放入熱油之中，通常可使原料初步成熟，加熱至需要的火候時取出。熱油加工的方法適合加工大塊牛肉、雞肉，減少肉類內部水分的流失，若用熱油加工花生，則讓花生表面失去部分水分，形成硬殼。

2.沸水加工法：沸水加工法可適用於蔬菜類和動物性原料，如芹菜、豌豆、花椰菜、西紅柿和雞肉塊、牛肉塊等。把要加工的原料放入沸水中，加熱到所需的程度後撈起，用冷水或冰水過涼。

3.冷水加工法：冷水加工法比較特別，先將原料放入冷水中，再加熱煮沸，撈起後用冷水過涼。此法適用於動物性原料，如牛肉、牛骨、雞骨及內臟類，透過冷水加工法可除去原料中殘流的血或雜質。

■ 烹調方式

西式熱菜的烹煮方式和中式菜餚有異曲同工之妙，茲介紹煮、燜、炒、煎、炸、烤、串燒和鐵扒等烹調方式。

1. 煮：煮的烹調方式靠水傳導熱，通常分爲溫煮和沸煮二種。

    • 溫煮：溫煮適宜製作質地鮮嫩、粗纖維少、水分充足的原料，如嫩雞、蛋、魚類等。溫煮的溫度應掌握在70～97℃之間，水或基礎湯汁以剛好浸泡原料爲宜。

    • 沸煮：通常沸煮的菜餚不需先用油進行初步熱加工，也不用湯汁加熱，所以菜餚具有清淡爽口的特性，營養素被破壞的較少，充分保留原料本身的美味。一般的蔬菜、肉類都可用沸煮的方式製作。溫煮和沸煮的不同是沸煮的溫度始終保持在100℃，基礎湯或水量比溫煮多一些，使原料充分的浸泡在裡面。

2. 燜：燜的菜餚加熱時間較長，因此經過燜的菜餚呈現原汁原味的特點。燜是將已完成加工的原料，經過初步的熱加工，倒入基礎湯汁並上蓋後，在烤箱內進行加熱程序，使之烹製成熟的方法。依據原料的質地鮮嫩或組織多寡的特性，有不同的加熱時間。

3. 炒：炒的方式在西式餐食方面，適合質地鮮嫩的材料，如外脊肉、里脊肉、家禽類、蔬菜；米飯、麵條等半熟的原料。用炒的菜餚加熱時間短，翻炒的頻率快，溫度在150～195℃之間，通常不加湯汁或只加少許，所以炒出來的效果是鮮脆香嫩的。

4. 煎：煎的方式是把加工成形的原料，醃製入味後，用少

量的油加熱至規定的火候爲止。主要的傳熱介質是油和金屬，傳導方式是靠傳熱。由於是在短時間內使用高溫加熱，所以通常使用於外脊肉、里脊肉、魚等鮮嫩的原料。

5. 炸：炸的方式是把加工成形的原料，經過調味、沾上保護層，放入油中，讓油整個浸泡原料再加熱成熟的烹製方法。體積較小、容易成熟的原料，油溫要高，以使原料快速成熟；體積大、不易成熟者，則適合用低溫，使熱氣慢慢滲透至裡面。通常有二種方式：

- 原料外層裹上麵糊後進行油炸。
- 原料外層先沾勻麵粉、加上雞蛋液，再沾上麵包粉之後，才下去油炸。

6. 烤：烤的傳熱介質是空氣，依傳熱方式的不同，西式菜餚可分爲暗火烤和明火烤二種。

- 暗火烤：暗火烤的傳熱形式是對流的。先把體積較大的肉類或家禽類，如羊腿、整隻雞或鴨初步加工整形，浸入調味料中使其醃製入味，然後放入烤爐中加熱上色。不易成熟的原料，先用較高的爐溫，讓表面結成硬殼後，再降低溫度繼續烤。
- 明火烤：通常香港、廣州一帶把這種烹調方式稱之爲「焗」。傳熱形式是靠熱輻射，菜餚表面覆蓋醬料，用明火爐去烤，可維護主原料的鮮嫩，常用於嫩肉、魚、蔬菜、生香菇等。

7. 串燒：串燒是在短時間內用高溫加熱的烹調方法，把加工成塊狀或片狀的原料，醃製後用金屬籤串起，在明火上燒製或用油煎製而成。常用於海鮮、羊肉、鴨肉及蔬

菜等質地鮮嫩的原料，不宜用在質地老硬的原料上。除了具有鮮嫩焦香的特點外，串燒的菜餚形式上也較新穎美觀。

8. 鐵扒：鐵扒的烹調方式是把加工成形的原料，先用調味品醃製入味，再放置於扒爐上，形成網狀焦紋的成品。用明火大烤，溫度在180～200℃之間，讓表層迅速炭化，產生明顯的焦味卻又鮮嫩多汁。要特別注意的是製作菜餚時鐵扒要先刷油，並且要隨時清理。

第三章　飲料管理

所謂的餐飲業（food & beverage；F&B）包含食物與飲料，飲料是餐食中不可或缺的，不同佳餚有不同的飲料來搭配。因此本章先介紹飲料的種類，再分別敍述茶、咖啡、酒類飲料及調酒。

第一節　飲料的種類

飲料的分類可從有無酒精成分和飲料的溫度來分：

一、以有無酒精來分

飲料大致可分成不含酒精飲料（non-alcoholic beverage）及含酒精飲料（alcoholic beverage）。

(一)不含酒精飲料

所謂的不含酒精飲料，顧名思義，泛指所有不含酒精成分的飲料，由於不具酒精成分，所以副作用較少，對人體的健康較無傷害，幾乎不限場合都可以飲用。因此在有供餐的地方，或多或少都會提供此類飲料。

許多大飯店或餐廳特別在下午提供「下午茶」，以不含酒精的飲料為主要服務。讓人們在工作忙碌之餘，能夠品嚐一杯茶或咖啡，暫時放鬆心情。

不含酒精的飲料可分成含咖啡因飲料、果汁、機能性飲料、碳酸飲料、奶製品飲料和礦泉水等。

1. 含咖啡因飲料：茶、咖啡、巧克力、可可。

2. 果汁：有天然果汁、稀釋果汁、濃縮果汁和清淡果汁。

3. 機能性飲料：此為經過加工處理後會促進人體特殊機能的飲料。

4. 碳酸飲料：包括汽水、蘇打水、沙士、可樂、薑汁汽水等。

5. 奶製品飲料：牛奶、好立克、阿華田。

6. 礦泉水：礦泉水的成分含鈉約4.5～5.2毫克。

㈡含酒精飲料

適量的酒類飲料能促進人體血液循環，增進食慾，消除抑鬱，讓精神放鬆。

1. 低酒精飲料：一般酒精濃度最低者為啤酒，約在5％以下。

2. 中酒精飲料：酒精含量在40％以上的有伏特加和白蘭地等。

3. 高酒精飲料：高粱酒的酒精含量在60％以上。

二、以飲料的溫度來分

若從飲用時的溫度來區分，可分為熱飲、冷飲和冰品。

1. 熱飲：一般溫度在60～80℃之間，如熱咖啡、熱茶和熱牛奶等。

2. 冷飲：冷飲的溫度約在5～6℃之間，包括新鮮果汁、碳酸

冷飲、乳品等。

　3.冰品：冰淇淋、泡泡冰和碎冰等均屬之。

第二節　茶

　　茶的部分從茶藝介紹開始，再說明茶葉的種類及飲茶須知，如何鑑定茶葉、茶具及沖泡法。

一、茶藝簡介

　　茶樹多生長在溫暖、潮濕的亞熱帶氣候地區，或是緯度較高的熱帶地區，主要分佈的地區包括中國、日本、印尼、印度、斯里蘭卡、阿根廷、土耳其、肯亞等國家，而其中以中國人飲茶的記錄最早。茶藝即是喝茶的藝術，可以分成三層不同的境界：

　　1.喝茶：尚無喝茶的境界，只為暸解渴的實用性價值而已。
　　2.品茗：此階段會仔細品嚐，將茶與生活情趣相結合。
　　3.茶藝：茶藝為最高境界，在喝茶的同時，會深入研究茶葉品質、製作及沖泡過程、茶具鑑賞及當時喝茶的環境和氣氛。

　　茶葉含有咖啡因、單寧酸、蛋白質、芳香物、果膠、碳水化合物等成分，具有解渴、提神、促進消化等功用。

二、茶葉種類及飲茶須知

㈠茶葉種類

茶葉依照發酵程度的不同，可分爲不發酵茶、半發酵茶和完全發酵茶三種。

■ 不發酵茶

不發酵茶是不經過發酵而用乾燥處理的茶，代表茶是綠茶。基本的製造過程有三個步驟：

1. 殺菁：把剛採下來新鮮的茶葉（茶菁），放入殺菁機內利用高溫使其炒熱，破壞茶葉的發酵活動。而殺菁有水蒸、火烘和炒三種方法。
2. 揉捻：把經過殺菁的茶葉放入揉捻機，加壓搓揉，破壞茶葉細胞組織，讓茶葉成形，以便在泡茶時讓味道容易出來。
3. 乾燥：製造不發酵茶最後的步驟是乾燥，利用熱風迴旋的吹動方式，反覆翻動，減少水分，直到茶葉完全乾燥爲止。

■ 半發酵茶

半發酵茶的製造手法極爲繁雜、細膩，所製造出來的茶葉是最高級的。中國非常著名的烏龍茶即是半發酵茶的代表。

半發酵茶與不發酵茶的不同點，在於不發酵茶是在茶菁採下來後殺菁，終止發酵的活動；而半發酵茶則先加上凋萎的過程，進行發酵的作用，直到發酵到某一程度時才進行殺菁，之

後還有乾燥和焙火的過程。詳細的製造程序首先是萎凋、涼菁、搖菁、殺菁，之後揉捻、烘焙，先做出毛茶，再經過篩選後分等級。

■ 完全發酵茶

完全發酵茶的代表茶是紅茶。製造時直接把茶菁置於溫室中，進行氧化，沒有殺菁的過程，而是直接揉捻、發酵、乾燥。紅茶的滋味潤口而柔和，與其氧化的製造過程有關，把苦澀的茶葉氧化大約90％左右，非常容易配成加味茶，所以廣受歡迎。

㈡飲茶須知

飲茶有一定的規矩，雖然因爲各地風土民情和風俗習慣的不同而有所差異，但一般而言，在飲茶時有幾項是必須共同注意的，例如：熱茶招待、端茶、斟茶及送客時的慣例。

■ 熱茶招待

待客時主人必定倒出熱茶招待，客人應趁熱喝下，彼此才有受尊重的感覺。通常很少有人用冷茶招待，除非有的地區有喝冷茶的習慣，否則會給客人不受歡迎的感覺，相對地，如果客人遲遲不肯拿起來享用，除非特別向主人說明，否則容易引起誤會。

■ 端茶

端茶時通常以托盤端出，慢慢送至客人面前。

■ 斟茶

斟茶時有用茶壺或蓋碗、蓋杯的方式，所講究的重點也有所不同。

1.茶壺：用茶壺倒茶時，應先倒給長輩和客人，右手拿茶

壺，左手輕按壺蓋，慢慢倒出茶至杯中，不要倒滿，約七、八成即可，倒完後茶嘴不可對著客人。

2. 蓋碗、蓋杯：有的地區用蓋碗喝茶，這樣較可以保持原來的滋味。每位客人使用一個墊碟和一個蓋碗，沏茶時以七分滿為佳。客人喝茶時，把杯蓋往前挪，以左手托著墊盤，右手扶著碗蓋，慢慢飲用。

■ 送客

通常主客相談甚久，客人還在漫無邊際的閒聊，而主人有事或不耐煩時，可以巧妙的詢問對方：「茶涼了，是否還要再來杯熱茶？」通常客人聽到這樣的話，就會識趣的告辭了。

三、茶葉品質的鑑定

要鑑別茶葉品質的優劣，通常以視覺、嗅覺、味覺、觸覺來評斷，主要有兩種方式：一種是看乾茶法，另一種方式是評茶法。

㈠看乾茶法

從茶葉的外型來判斷，好的茶葉應該是色澤良好、茶葉條紋緊實、香氣純正且葉片完整，以下分別從這些方面說明之。

1. 色澤：
   · 紅茶：呈現烏褐色而油潤者為佳，含有較多的橙黃色芽尖者較高級，灰褐色者較差。
   · 綠茶：翠綠有光澤者較好，含有較多白毫者較為高級，若呈現枯黃色或發黃者品質較差。

2. 外型：條紋多且整齊均勻者為佳，粗細不均勻者品質較差。茶葉條紋緊密而重實的為佳，粗而鬆或細而碎者較差。

3. 純淨度：以無茶梗、茶籽者品質較優，若混有泥沙或草木者品質較差。

4. 香氣：聞香氣是鑑定茶葉最重要的條件。愈好的茶香氣愈顯著，可用手掌緊握，用口哈氣，從掌心的熱氣散發出來的香味若有青草味則為下品。

(二)評茶法

所謂的評茶法是看茶葉的品質，茶葉和開水的比例是1克的茶葉沖入50毫升的開水，泡約五分鐘後，倒入茶杯內。先看茶湯的顏色，次之聞香氣，再次之品滋味，重視喝茶後口中的餘味，最後看茶葉殘渣的葉形（如**表3-1**）。

鑑定茶品質的「評茶室」有幾項規定：

1. 方向：從北方上側窗戶引進陽光，防止陽光直射，或因太陽位置變動而產生變化。

2. 室溫：以23℃為宜。

3. 味道：不可有其他異味，如油漆味、木頭味，以免影響聞茶葉之品質。

4. 空氣：室內要通風，讓空氣流通。

表3-1 茶葉品質鑑別標準表

項目 \ 種類		紅茶	綠茶	烏龍茶	花茶
湯色	優	紅豔明亮	清澈明亮	橙紅清澈明亮	
	次	紅豔不明	黃綠欠明	橙黃欠明	
	劣	紅暗	深淡灰暗	黯淡	
香氣	優	濃郁持久蜜香	濃郁持久	濃郁鮮花香	突出純正持久
	次	濃而不鮮	濃而不鮮	濃而不鮮	不持久
	劣	平淡	平淡	平淡	淡無味
滋味	優	鮮醇甘濃	鮮細醇濃		
	次	不夠鮮濃純正	不夠鮮濃純正	不夠鮮濃純正	
	劣	粗淡	平淡	平淡粗老	
葉片 (泡過後)	優	紅色明亮嫩勻以芯多者較好	肥壯、黃綠、透明	葉底透紅、柔軟明亮	
	次	紅色不勻	黃綠不勻		
	劣	紅暗葉多	青暗	色暗發黑、帶有綠色	

四、茶具及沖泡法

中國人喝茶的習慣由單純的爲了「解渴」，到「品茗」再變成「茶藝」等一連串的演變，對於茶具和沖泡方式也愈來愈講究。

(一)茶具

茶具是泡茶時的必備用具，各有不同的功能，除了茶壺之外，還包括茶杯、茶荷、茶船、茶海、茶匙和茶盤等（如圖3-1）。

1. 茶壺：將茶葉放入茶壺中沖泡。
2. 茶杯：茶杯又分爲聞香杯和飲用杯。聞香杯爲瘦高型，用來品聞茶的香氣，聞香之後，將茶倒入飲用杯後才可飲用，而飲用杯則宜淺者，讓飲茶者不需仰頭即可將茶喝完。茶杯內部以素瓷爲宜，讓飲茶者可以清楚判斷茶的色澤。有的杯子還附有杯托，看起來高尙，而取用時手也不會直接碰觸杯口。
3. 茶荷：將茶葉從茶罐移到茶壺內的工具。
4. 茶船：茶船又稱「茶池」，用來盛裝茶壺和茶杯，主要的功能是用來燙杯、燙壺，使茶壺和茶杯保持適當的溫度，並防止沖水時茶水濺到桌面。
5. 茶海：用來平衡茶湯的濃淡程度。
6. 茶匙：茶匙是用來裝茶葉和掏空茶壺中的茶渣。
7. 茶盤：利用茶盤端茶出來，讓飲茶者有被尊重的感覺。

圖3-1　茶　具

㈡沖泡法

　　此段內容介紹茶的製備原則及沖泡方式。

■ 茶的製備原則

　　茶的沖泡方面，在水質、水溫、茶葉的用量及沖泡時間等
方面都需要特別注意。

1. 水質：自來水含有消毒水的味道，加以過濾或沈澱後使
　　用較好；蒸餾水不會破壞茶葉的風味，是理想的泡茶用
　　水。

2. 水溫：泡茶時開水的溫度視茶的種類而定，並非全都是
　　100℃的沸水，例如，綠茶類的泡茶溫度就不能太高，約
　　在70℃最適宜，因綠茶類咖啡因含量較高，太高溫會使茶

的湯汁變苦，並破壞茶葉中豐富的維他命C。又如烏龍茶中的白毫烏龍，是採取細嫩的芽尖製成，十分嬌嫩，水溫以85℃爲宜。

3. 茶葉的用量：茶葉的用量是指在茶壺中放置茶葉的分量。茶葉若放得太多，濃度變高，會使得色澤變深沈，苦澀難入口；茶葉太少則色清味淡，喝不出眞正滋味。
4. 沖泡時間：沖泡時間是將茶葉泡到適當時間便倒出。通常必須和茶葉的分量配合，茶葉多，沖泡時間要縮短；茶葉少，沖泡時間要延長。

■ 茶的沖泡方式

茶的沖泡方式可分爲宜興泡茶法和大壺茶沖泡法。

1. 宜興泡茶法：宜興式的泡茶法又稱「老人泡茶法」、「功夫泡茶法」，此法的沖泡法帶起了喝茶的風氣，特色是較爲自由、不苛求。其步驟爲茶具備妥、燙壺、置茶、溫潤泡、沖泡、沖壺、計時、溫杯、乾壺、倒茶、品茗、清理。
2. 大壺茶沖泡法：大壺茶的沖泡法又稱「茶娘沖泡法」，步驟包括置茶、倒出和品茗三個階段。

五、英式飲茶

在這個部分介紹英式茶與中式茶的差異，及英式茶以紅茶著稱的原因，並介紹英式紅茶的種類。

㈠英式茶與中式茶的差異

英國式的喫茶和中國式的飲茶，除了紅茶的品質不同之外，飲用的方式也不太一樣。英國系統紅茶的最大特色在於混合，從世界各國集中到英國的茶，都會經過適當的混合處理，貼上不同的標籤後，再輸出至其他各國，品質控制均勻且大量生產，很有經濟性，造成今日英國的紅茶聞名世界。

㈡英式茶以紅茶著稱的原因

1933年在倫敦成立了「國際茶葉委員會」，至今倫敦仍是世界主要的茶葉中心。對英國人而言，紅茶是不可或缺的，英國人平均每年每人喝掉十英磅的紅茶，是世界紅茶最大的消費群。紅茶因為所含的單寧氧化，所以煎出來的汁，呈現豔紅色且顏色清澈者，若帶黑色則為品質較差者。至於加入牛奶，應呈現美麗的橙紅色，不可有混濁之感。

㈢英式紅茶的種類

在英國紅茶的品牌中，有一些中式的名稱，舉例介紹如下：

1. Broken Pekoe（B.P.）：無白毫，屬於碎茶類，是紅茶的中級品，以扁平的較好。
2. Broken Orange Pekoe（B.O.P.）：混合黃金色的白毫，細碎型的碎茶，是紅茶的高級品。
3. Broken Pekoe Souchong（B.P.S.）：把硬茶切斷的二極品，所沖泡出來的香味和顏色都比較淡。

4. Bohea：這種茶內含茶毛和茶莖，與一般的紅茶不太一樣。

5. Congon：由福建土話「功夫」所演變而成，屬於功夫紅茶，所謂的功夫意即需要花費許多時間和手續才能完成的茶。

6. Dust（D.）：包括40號以下和60號以上的粉茶。

7. Farnning（F.）：屬於浮葉，茶葉極小，為普級品。不過如果含有白毫則可稱得上是高價格的茶。

8. Flowery Broken Orange Pekoe（F.B.O.P.）：含白毫多，是最高級的茶芽。

9. Keemun：祁門紅茶。

10. Orange Fanning（O.F.）：若含有頂芽的話，則為高級品。

11. Pekoe（P.）：是白毫的意思，但其實白毫的含量反而不多，是比較粗大的中級品，沖泡出來的顏色和香味都很淡。

12. Souchong（S.）：這個名稱源自於福建的土話「小種」，如真珠般的粒狀，大小較均勻者為佳。

第三節　咖　啡

在這一節中先從咖啡的概論談起，再介紹咖啡的品種，說明咖啡的四種沖泡法、調製咖啡的要求、咖啡的鑑定及其他注意事項。

一、咖啡概論

咖啡是以含咖啡豆的提取物所製成的飲料,營養價值極高,適量飲用具有幫助消化、振奮精神、消除疲勞等功效。飲用時,常會配上糖和奶精,並且十分注重咖啡的製作方法。這個部分將從咖啡的成分、炒焙、粉碎和混和來加以敘述。

㈠咖啡的成分

咖啡之所以具有提神的功效,是因為咖啡的成分含有咖啡因和揮發性的芳香油。生咖啡豆和炒焙過的咖啡豆在成分上雖有不同,不過,一般而言咖啡中的成分含有蛋白質5~8%、脂肪10~14%、咖啡因1.2~1.8%、無機鹽、碳水化合物、水分、纖維素、多種維生素脂肪、糖分和芳香油等。

㈡咖啡的炒焙

炒焙是製作咖啡重要的過程。炒焙要將所有咖啡豆的內部炒熟,但時間不宜太長,就炒焙的程度來講,可分為淡焙、肉桂色焙和濃焙三種。經過炒焙後的咖啡豆,會使咖啡原有的一些成分蒸發掉,不過芳香油會較易溶於水,而散發香味。

㈢咖啡的粉碎

炒焙過的咖啡豆經過碾碎後,更會香味撲鼻,最理想的情況是在每次飲用前碾碎,風味最佳。

碾碎的咖啡可分為粉末、中顆粒和粗顆粒等。愈細顆粒的咖啡味道愈濃厚,粗顆粒的則有優雅的芳香味。將細顆粒和粗

顆粒的咖啡一起儲存，在調製成飲料時，細顆粒的咖啡可以喝出濃度，粗顆粒的咖啡則可以散發香味，彼此互相搭配。

㈣咖啡的混和

咖啡的混合是指摻雜不同種類咖啡豆的技術。咖啡豆在收藏之後，會增加它的某些特點，相對地也會失去一些特點。所以需要將不同種類的咖啡豆加以混合，互相補足並產生新的特點，咖啡混和通常三種以上，不過這項工作需要由味覺和嗅覺靈敏的專家來調配。

二、咖啡的品種

咖啡主要的品種有藍山、牙買加、摩卡、曼特寧、哥倫比亞、瓜地馬拉、巴西等不同的咖啡豆。

1. 藍山咖啡：藍山咖啡產於西印度群島的牙買加高山上，產量有限所以價格較貴，飲用時的口感清香甘柔滑口。
2. 牙買加咖啡：味道僅次於藍山，酸香甘醇，優雅味清。
3. 摩卡咖啡：是調配綜合咖啡的理想品種，具有獨特的酸香味。
4. 曼特寧咖啡：單品飲用，醇度極烈，味道香濃苦。
5. 哥倫比亞咖啡：常被用來增加其他咖啡的風味，酸甘香醇，有一種特別的地瓜皮味道。
6. 瓜地馬拉咖啡：風味極似哥倫比亞咖啡，為中性的咖啡豆，芳香甘醇。
7. 巴西咖啡：清香略甘。

三、咖啡的沖泡法

沖泡咖啡如同沖泡紅茶一般，是浸泡的意思。因各國生活文化的差異，飲用咖啡時的沖泡方式也有所不同。在餐飲店或咖啡專賣店中，常見的咖啡沖泡法有蒸餾式、過濾式、電咖啡壺、咖啡機等四種沖調方式。

㈠蒸餾式沖調法

蒸餾式沖調方法的重點是，玻璃製的蒸氣咖啡壺和虹吸作用，煮出來的咖啡十分香濃可口，從透明的玻璃中可以清楚的看見整個沖泡咖啡的過程，但一次只能煮出幾杯，所以較不適合使用量大的餐廳使用。沖調咖啡時，咖啡粉放在上壺，下壺內裝水，將下壺壺身的水分充分擦乾，以酒精燈或瓦斯加熱，水滾後插上裝好咖啡粉的上壺。等到下壺的水全部升到上壺後，將火轉小，輕輕攪拌咖啡粉，然後把火源移開。此時上壺的咖啡會漸漸流到下壺內，即可倒入杯中飲用（如圖3-2）。

㈡過濾式沖調法

過濾時使用濾紙或濾袋的方法皆同。首先在濾紙上放入咖啡粉，讓剛煮開的水由過濾器中心慢慢注入，當咖啡粉末完全浸泡時，表面會膨脹，之後一滴滴地過濾出咖啡。最具代表的過濾器為美里達式與卡里達式，美里達式的滲出孔只有一孔，而卡里達式則有三孔。

用濾紙沖水的過程可分成三個階段：第一階段只用20％的水，目的是把粉末弄濕；第二次沖水約30％，沖時要均勻且不宜

資料來源：子屋雅食餐廳

圖3-2　蒸餾式（虹吸式）咖啡壺

太快；最後才把剩下50％的水全部沖完。

㈢電咖啡壺沖調法

電咖啡壺廣受到餐飲業者的喜愛，因為這種方式既簡單又方便。使用時將咖啡豆置於攪碎機內揉磨，然後於水箱內加冷水，上蓋後通電，就會自動沖泡、過濾，滴入下面的壺中（如圖3-3）。可以大量沖泡，然而缺點是如果放太久咖啡會變質變酸。

㈣咖啡機沖調法

咖啡機的原理是在密閉的容器內，利用蒸氣的壓力，高溫的水、高壓，通過咖啡粉，瞬間內萃取出咖啡。使用極細的咖

圖3-3　電咖啡壺

啡粉,典型的產品是義大利濃縮咖啡 (espresso coffee)。利用
蒸氣加壓式所沖泡出來的咖啡,苦味強、味道濃,所以一般使
用小型的咖啡杯。

四、咖啡的調製

調製咖啡時的水質、浸泡時間、器皿和分量都有一定的要
求。

㈠水質

泡咖啡的用水不能是含有大量鐵質的水,也不能是含鹼性
的硬水。最理想的水溫是80～90℃之間,溫度不能太高。用沸滾
的水所煮出來的咖啡,會增加咖啡的收斂性和苦味,降低品質。

㈡浸泡時間

咖啡浸泡的時間不宜過長，咖啡所含的咖啡因和芳香油，通常在兩分鐘內就會溶解，過長時間的浸泡不但破壞風味，且會使液體產生一種漂浮物，較為混濁。

㈢器皿

裝咖啡用的器皿以玻璃製品和陶瓷器最適合。如果用金屬器皿，會因氧化作用而產生苦味。

㈣分量

咖啡的分量可根據所煮的咖啡顆粒大小和個人喜好而定。通常粉末狀的咖啡可以比細顆粒的咖啡少一些，而粗顆粒的咖啡則要比細顆粒的咖啡多放15％左右。如果使用滲透較慢的濾袋來調製咖啡的話，則要比高級咖啡壺多放5～15％的分量。以500克咖啡為例，如果沖泡五十至六十杯的咖啡，濃度差不多適中，如果只有沖泡四十、五十杯以下的話，就是濃咖啡。

五、咖啡的鑑定

鑑定咖啡多用「比較法」，具體的方式是在每人的杯子裡放入等量的咖啡，倒入三分之二杯的熱開水，待咖啡全部沈澱後，用湯匙稍微攪拌，再加入開水。約過兩分鐘，咖啡的沈澱停止後，用湯匙輕輕舀一些上面的咖啡，含在口中，仔細品嚐其風味和口感，然後吐出，不可直接吞嚥下去。如果馬上吞下去，鑑定下一杯咖啡時，可能會因為前一杯的香味產生錯覺。

六、咖啡的注意事項

而在咖啡的保存及使用上，尚有一些應注意的事項，茲說明如下：

1. 不要大量的存放咖啡：為了得到最佳的品質和香味，最好使用剛碾碎的咖啡，如果碾碎很久容易失去香味。（如圖3-4）
2. 調製完成的咖啡，應儘快飲用，以不超過四十分鐘為原則。
3. 奶油的品質直接影響咖啡，愈好的奶油愈能和咖啡的香味融合。

圖3-4　磨豆機

第四節　酒　類

酒是餐飲業經營的項目之一，餐廳要滿足不同需求的顧客，必須提供多樣化的酒類。這一節所要探討的內容包括酒的種類並介紹酒與菜餚的搭配。

一、酒的種類

酒可分為釀造酒（fermentative liquors）、蒸餾酒（distilled liquors）、再製酒（liqueurs）三種。

1. 釀造酒：釀造酒是經由發酵、過濾、儲存等過程，但沒有經過蒸餾的酒。
2. 蒸餾酒：所謂的蒸餾酒是先將含酒精的發酵液，經過蒸餾的程序，以其冷凝液而製成的酒。
3. 再製酒：通常用一種白酒或果酒作為主要的原料，在蒸餾的過程中或蒸餾之後，與其他香料或藥草進行調配，而後成為不同種類的酒。

國產酒與洋酒都各有特色，有不同的顧客群，一般而言，視所享用的餐點來配合。以下分別就國產酒與洋酒的種類及特色，加以說明。

㈠國產酒

中國歷史悠久，我們的祖先就發明了多種釀酒技術，酒的

品種十分多樣化。從商代就利用麥來釀酒，並用酒去祭神。唐代之後，又有黃酒、藥酒、果酒和葡萄酒的產生。而白酒則是從宋代以後開始有的，在釀造技術上也有了更進一步的發展。以下將國產酒分為中國酒及台製酒，分別加以敍述之。

■ 中國酒

一般將中國酒分為五類：白酒、黃酒、水果酒、藥酒以及啤酒。

1. 白酒：白酒的主要原料是糧食或其他含有澱粉的農作物，多以高粱、小麥、豆類和粟米為原料，經過發酵、釀造及蒸餾而製成。白酒的特色為透明無色，口感豐富，質純濃郁。品質優良的白酒，在色澤上首重無色透明，瓶內應無懸浮物或沈澱物。酒精濃度在30％以上，屬於刺激性強的酒。

2. 黃酒：黃酒乃因其顏色而得名。主要原料有糯米、黍米和大米，經過特殊的發酵而成。酒性醇和，適合長期儲存，且愈陳愈香。屬於低度發酵的原汁酒，酒精濃度一般在8～20％之間。黃酒的特色是酒質香醇可口，有其營養價值。各式黃酒中，以紹興酒最為出名，飲用前若略加熱燙則更為香醇。

3. 水果酒：舉凡用水果、果實為原料直接發酵釀造的酒都稱為「水果酒」，屬於釀造酒。各類的水果酒大都直接以水果命名。因選用的水果種類各異，風味也各具特色。水果酒中含有蠻高的營養成分，如礦物質、維生素及糖類等。其中以葡萄酒的產量最為普遍，酒精含量約在15～30％左右。

4. 藥酒：藥酒是用成品的酒為基酒（Base）（大都使用白酒），再配上其他的中藥材及糖料，經過浸泡或釀造而成。藥酒可分成滋補酒和提取中藥材的藥酒兩大類。滋補酒是一種有滋補作用的飲料酒；另一種則是較正宗的藥酒，以酒精提煉出中藥材中的有效成分，可提高藥物的療效。

5. 啤酒：啤酒是以大麥為原料，加上啤酒花為香料，經過發芽、糖化、發酵的過程而製成。屬於酒精含量較低的原汁酒，特點是散發麥芽和啤酒花的香味，口感味道純正爽口。啤酒中含有大量的二氧化碳、十一種維生素和十七種氨基酸。

■ 台製酒

台灣公賣局依照釀製的方法，將省製酒分成三大類：釀造酒、蒸餾酒和再製酒。

1. 釀造酒：以米為釀造原料的包含米酒、花雕酒、黃酒、花露酒；也有以水果為原料的水果酒，如葡萄酒及各種水果酒；其他穀物為釀造原料的酒則有啤酒和紹興酒等。

2. 蒸餾酒：依照製造過程及釀造原料的不同，可分為高粱酒及白蘭地等。

3. 再製酒或香甜酒：包括五加皮、參茸酒、龍鳳酒和烏梅酒等。

(二)洋酒

　洋酒的釀造酒、蒸餾酒以及香甜酒的分類如下：

■ 釀造酒

　1.葡萄酒：葡萄酒屬於釀造酒的一種，常用以佐餐，能增
　　進食慾。而葡萄酒的條件是含有酒精，以葡萄為唯一的
　　釀製原料，除了在某種情況下加糖外，大都不能附加其
　　他的物質，發酵的全部過程都在葡萄的原產地進行。

　2.啤酒：啤酒的主要原料是大麥芽和啤酒花，製造啤酒的
　　酵母直接影響啤酒品質的好壞。德國擁有最多種的配
　　方，排名世界第一；日本積極研究獲得祕訣，排名第二。
　　啤酒可依色澤、加熱處理和濃度來區分：

　　‧色澤：從色澤可分為黃啤酒（Lager）和黑啤酒
　　　（Stout）。

　　‧加熱處理：未經加熱處理為生啤酒，經過加熱處理者
　　　為熟啤酒。

　　‧濃度：釀製時依大麥汁的濃度不同而分為：高濃度、
　　　中濃度和低濃度。

■ 蒸餾酒

　蒸餾酒的基本條件如下：

　1.必須經過蒸餾的過程：酒精的沸點只有78.4℃，比水的
　　沸點低，因此藉著蒸餾的過程可以分離水、酒精和原有
　　的成分，而取得酒精濃度更高的液體。

　2.符合法定的酒精濃度：各國在酒精濃度上的規定各有不

同，歐洲國家規定在40％以上，美國則規定在37％以上，
必須符合當地規定的濃度才可稱為蒸餾酒。
3.釀製材料為水果或穀物：蒸餾酒的另一條件就是必須以
水果或穀類作為釀製的材料。

■ 再製酒或香甜酒

香甜酒是以白蘭地、無色烈酒、琴酒或其他的蒸餾烈酒與
水果、植物、花卉及其他天然香料蒸餾而成。製造甜酒的重要
手法是過濾及淨化，蒸餾也是必經的過程。

甜酒的口味十分多樣化，以洋酒而言，一般來說以香甜薄
荷酒（creme de Menthe）最受歡迎。

二、酒與菜餚的搭配

酒與菜餚若配合得好，可以使名菜和名酒相得益彰，西餐
的餐前酒通常是混和的雞尾酒，進行主餐食中則以葡萄酒搭配
雞肉、海鮮類及白肉類餐點。在餐飲服務中，如能適當的建議
客人，除了可以增加酒的銷售之外，更能提高享受餐食的滿意
度。

以下介紹一些於餐前、餐食進行中及餐後所飲用的酒類與
菜餚的搭配。

㈠餐前

1.開胃酒：雞尾酒（Cocktails）、威士忌（Whisky）、苦
艾酒（Vemouth）、香檳酒（Champagne）及白葡萄酒
（Dry White Wines）等。

2.湯：無甜味的雪利酒（Dry Sherry）和麥迪拉酒（Dry Madeira）。

3.飯前小菜：瑞士白酒、萊茵酒（Rhine Wines）。

4.冷盤：淡的瑞士白酒、淡甜味的玫瑰酒（Medium Dry Rose Wines）。

㈡餐食進行中

1.生蠔：白葡萄酒。

2.魚、蝦及龍蝦：無甜味的白多爾酒（White Dry Borde-awx Wines）。

3.通心粉、麵類及蛋類：紅酒、微甜的玫瑰酒、紅葡萄酒。

4.牛、羊、雞肉和豬肉：多搭配紅酒。

㈢餐後

1.點心：可搭配烈酒、白酒、甜酒或香檳酒。

2.咖啡：常搭配白蘭地酒。

第五節　調　酒

　　調酒俗稱「雞尾酒」，花俏而多彩多姿，愈來愈多的人喜歡啜飲雞尾酒，因為它既不像烈酒容易傷腸胃，又不像果汁、汽水那樣單調，適合任何場合。

　　關於雞尾酒完整的定義是：雞尾酒為一種量少冰鎮的含酒精飲料，以琴酒、威士忌、白蘭地等其他蒸餾酒為基酒，或以葡萄酒為基酒，再配上其他材料，如果汁、雞蛋、糖等，以攪

拌法或搖動法調製，最後再以檸檬片或橄欖等材料裝飾。這一節的內容包括雞尾酒的調製方法及材料、雞尾酒的調配及雞尾酒的種類。

一、雞尾酒的調製方法與材料

㈠雞尾酒的調製方法

調製雞尾酒的方法有漂浮法（build）、調和法（stir）、搖和法（shake）及攪和法（blend）四種。

■ 漂浮法

此種方式是將酒水按照分量直接倒入杯中，不需攪拌或只需稍微的攪拌即可完成。

■ 調和法

調和法又稱「攪拌法」，可分成調和法和調和濾水法（stir & strain）。

1. 調和法：將酒水按分量倒入杯中，加入冰塊，用調酒匙攪拌均勻。多用平底杯、科林杯。
2. 調和濾水法：把酒水和冰塊按照分量比例，倒入調酒杯（mixing glass）中，先用調酒匙攪拌，再用濾水器（strainer）過濾冰塊，最後將酒水倒入酒杯中。常用的杯子為雞尾酒杯。

■ 搖和法

搖和法是將酒水與冰塊照比例倒入搖酒器中，搖勻後過濾冰塊，將酒水倒入酒杯中即可。常用的杯子為雞尾酒杯或香檳

杯。

■ 攪和法

攪和法是將酒水和碎冰按分量比例放進電動攪拌機中，待運轉約十秒鐘後，再把酒水和冰塊一併倒入酒杯中。常用科林杯和特飲杯。

(二)調酒用具與材料

調酒會使用的用具及材料包括下列所述（如**圖3-5**）：

1. 量杯：量杯用來計量，可分為大、小量杯。
2. 搖酒器：又稱「雪克杯」，包含瓶身、過濾器和蓋子三個部分。使用搖酒器進行搖酒時，伸幅的動作要快，然後用力加速，約搖六至八下即可。
3. 調酒棒：又稱「攪棒」，有木製、塑膠製、玻璃製等各種的材質及樣式，用於攪拌雞尾酒或搗碎杯中的砂糖或水果。
4. 開瓶器：開瓶器的功能除了拔塞、開罐之外，還可將用剩的蘇打水重新密封。
5. 倒酒嘴：是一種過濾器，置於杯口防止冰塊和殘渣一起流出來。
6. 調酒匙：又稱「吧匙」，主要用來攪拌，一端是勺，另一端是叉，中間成螺旋狀。叉子的部分用來叉橄欖、櫻桃等。
7. 雞尾酒針飾：主要一端插入櫻桃、橄欖等作為裝飾，通常以塑膠製品為佳，有時也以牙籤代替。
8. 杯皿：飲用雞尾酒一般多使用高腳杯，淡酒用大杯，烈

圖3-5　調酒用具及杯子

酒用小杯。

二、雞尾酒的調配

雞尾酒主要由三個部分組成，基酒、調和液、配料和裝飾物。

㈠基酒

基酒又稱雞尾酒的酒底，是雞尾酒最重要的成分和味道，不能輕易被其他味道沖淡，所以多為酒精成分較高的烈酒。最常被用於調酒的基酒有琴酒（Gin）、威士忌（Whisky）、白蘭地（Brandy）、藍姆酒（Rum）、伏特加（Vodka）和龍舌

蘭酒（Tequila）等六種。（如圖3-6）

1. 琴酒：早期是荷蘭人爲了免於感染熱帶性疾病，用裸麥和杜松子浸泡調製而成。後來英國人將其引進，受到非常高的評價，被濃縮成GIN。琴酒散發誘人的香氣，不但可以直接飲用，而作爲基酒再加入其他配料，更能發揮特色。

2. 威士忌：Whisky一字最早源於愛爾蘭，從十二世紀開始，愛爾蘭就以穀物爲原料製造成蒸餾酒，後來傳到蘇格蘭，漸漸變成現今的威士忌。具有直接而強烈的滋味，目前最常用來調酒的威士忌以美國的波本（Bourbon）爲代表。

3. 白蘭地：白蘭地的製造方法是以水果爲材料，其中葡萄酒是將葡萄原料蒸餾後，待其成熟，並儲存至少三至五年，所以含有濃郁的芳香。

4. 藍姆酒：藍姆酒以甘蔗製糖的甜渣蒸餾釀製而成，芳香可口喝起來十分順口，可以直接飲用，不過由於酒精濃度極高，所以常當作基酒和其他果汁調配。以藍姆酒爲基酒調製而成的雞尾酒，大多使用柳丁、檸檬等水果或果汁搭配而成。

5. 伏特加：伏特加是二十多年前從西伯利亞地區傳來的俄國酒，特色是無味、中性，可以把加入的甜酒或果汁的味道顯現出來。

6. 龍舌蘭酒：是近十年才開始使用的新鮮口味，陽剛性強。飲用方式十分特別，先在杯口邊緣抹上一層鹽，每喝一口Tequila就要吸一口檸檬汁，除了可增加味道的

圖3-6　各種基酒

　　強烈外，並給飲用者一種豪邁的感覺。

(二)調和液

　　基酒是雞尾酒的主體，但是因個人喜好之不同，有的人不喜歡酒精濃度達40%的蒸餾酒，就需要調和液來引導出基酒的韻味。調和液可以是酒精成分較低的釀造酒，也可以是不含酒精成分的蘇打水或果汁。除了基酒是不可省略之外，其他成分可以依個人喜好不同而做變化。

■ 含酒精成分的調和液

　　以甜酒為主，一般分成植物酒和水果酒。有的甜酒以其天然色襯托雞尾酒的色澤，有的則是以其甘甜的香味引出基酒的特色。

1. 植物酒：植物酒的製造過程是將藥草浸泡於葡萄酒中，一起蒸餾，再經過數年的時間在桶子裡成熟。一般有黃、綠兩種顏色，黃色的如金巴利酒（Compari），綠色的如薄荷酒。其他的還有茴香酒，利用檸檬皮、大茴香、胡荽種子等製成，甘味香濃、無色透明，適合用於調和液。

2. 水果酒：以中南美洲用水果釀製的甜酒最多，還有委內瑞拉的柳橙酒，墨西哥的咖啡酒等。

■ 無酒精的調和液

無酒精的調和液包含碳酸飲料、糖、果汁和其他配料。

1. 碳酸飲料：碳酸飲料可分為有味的碳酸飲料，如可樂、薑汁水；而無味的碳酸飲料則有蘇打水和Tonic水。

2. 糖：糖可分成白砂糖、紅砂糖、方糖、細砂糖等數種，有的則製成糖漿，更容易與其他材料混合。

3. 果汁：常用的有柳橙汁、檸檬汁、鳳梨汁及紅石榴汁等，除了由新鮮水果壓榨成汁外，100％的果汁或濃縮果汁也可使用。

4. 其他配料：可襯托雞尾酒的還有鮮奶油、牛奶、雞蛋、咖啡、豆蔻粉、薄荷香料等。

㈢配料和裝飾物

雞尾酒在調製完成時，為了加強視覺上的效果，常會使用點綴物來展現特質，如檸檬、柳橙、鳳梨、蘋果等切片或嵌在杯口邊緣。其他如櫻桃、芹菜莖則因為色澤亮麗也常被用來裝飾。

三、雞尾酒的種類

　　據說全世界的雞尾酒有二、三千種，但是若從飲用時間和場所來區分，則可分為開胃型、俱樂部型、正餐前、正餐後、晚餐、催眠、香檳等七種類型。

1. 開胃型雞尾酒：為促進食慾的飲料，有甜味和鹹辣味二種，此類型的代表有馬丁尼酒和曼哈頓酒。
2. 俱樂部型雞尾酒：在正餐時代替湯或冷盤的雞尾酒，帶有刺激性，色澤豔麗，富有營養。
3. 正餐前雞尾酒：有的把正餐前雞尾酒歸類於開胃雞尾酒。嚴格來講，它屬於中程度的鹹辣味雞尾酒。
4. 正餐後雞尾酒：於餐後提供的雞尾酒，通常都是甜酒，如亞歷山大雞尾酒等。
5. 晚餐雞尾酒：晚餐的雞尾酒較為鹹辣，阿布膳雞尾酒即為一例。
6. 催眠雞尾酒：有催眠作用的雞尾酒，在睡眠前或失眠時使用。
7. 香檳雞尾酒：在喜宴上常供應香檳雞尾酒，通常是將混合的材料放在杯中再加入香檳而成。

第四章　餐飲採購與驗收

餐飲業的服務，包括一連串的過程。採購是餐廳作業的開始，一直到物料或食品驗收。如果說採購活動是餐飲生產獲取原料的前提，而驗收工作則是提供餐飲生產價格適宜、提供良好品質的保證。採購、驗收和其他的管理活動一樣，必須先有明確的目標，才能達到預期的效果。要瞭解餐飲採購可從幾個方面著手：採購的意義、採購人員的選擇及採購的方式。驗收則從驗收管理、驗收原則和驗收方法做說明。

第一節　餐飲採購的本質

首先要先清楚何謂餐飲採購，先從學者的定義來介紹，之後再瞭解餐飲採購的目標及原則，最後才能依此原則選擇合適的採購人員。

一、餐飲採購的定義

從狹義的定義來看，餐飲採購與「購買」的性質相同。

而廣義的方面，則有美國學者亨瑞之 (S. F. Heinritz) ，在其所著的 *Purchasing Principles and Application* 一書中，將採購定義為：「採購不僅是取得所需物資與原料之行為，並包括相關物資與來源的計畫、安排、決策、研究與選擇，確保、追查正確交貨及驗收數量與品質檢驗」。

至於餐飲採購的實質定義，則是根據餐飲業者本身的銷售計畫，獲得所需要的食物、原料與設備，作為供餐銷售之用。

二、餐飲採購的目標

現代餐飲採購的主要目標乃在於提供最合適的商品，以合適的價格，獲得最佳品質，從適當的供應商採購，購買品質與數量合適的物品，在最恰當的時間進貨，最後送交於適當的地點。

㈠基本目標

國外的採購專家亨瑞之曾列出採購的基本目標，如下所述：

1. 繼續供應：維持物資的繼續供應，以確保製造與銷售進行順暢。
2. 控制：在不違背經濟及安全的前提下，控制原料及物資的品質標準。
3. 避免浪費：原料及物資的使用應避免重複使用或浪費。
4. 品質標準：以適合使用或生產為基礎，維護產品的品質標準。
5. 最低成本：以最低成本取得所需物資，並獲得所需的服務及品質。
6. 有競爭能力：維護公司在企業中的競爭地位，並在原料與物資成本的範圍內，保障一定的利潤。

㈡餐飲採購的目的

餐飲採購的目的在於尋找完整的採購資料，確定採購人員

的條件與職責，健全的採購程序，進而提高採購的效率。

1. 提供正確的採購資訊：完整的採購資料，有助於決策人員的比較及選擇，才能購買到所需的物資及原料。
2. 培訓專業採購人才：採購人員必須經過專業知識及技能的訓練，才能勝任涵蓋甚廣的採購工作。
3. 建立採購的標準作業程序：有了標準的作業程序S.O.P (standard operation procedure) ，整個採購的流程依照規定行事，所採購的商品也較有保障。
4. 提高採購工作的效率：採購的工作是十分瑣碎的，稍不小心，很可能延誤時機而浪費時間，透過對採購的研究，可以提高期間串連工作的效率。

㈢採購步驟

為了達到採購的目標，必須依循以下的幾個步驟：

1. 找到最正確的商品。
2. 獲得最好的價格。
3. 得到最好的品質。
4. 找到最佳的供應商：可從供應商的地點、設備、專業知識、財務狀況和誠信原則來評估。
5. 在最適當的時間進貨。
6. 送達最合適的場所。

三、餐飲採購原則

有了明確的採購目標，可以歸納出採購五大原則（5R）：

1. 最適當的品質（right quantity）：以合適的用途及合理的成本前提之下。
2. 最合理的價格（right price）：在預算及成本的考量下的採購價格，對老闆而言是最重要的。
3. 最適當的數量（right amount）：從庫存量、儲存空間、用量預測來計算。
4. 最正確的時間（right time）：根據庫存量的多寡及儲存空間的大小，安排合適的進貨時期。
5. 最合適的供應商（right supplier）：一切條件均符合所需的供應商，才可以讓餐飲的營運正常。

第二節　餐飲採購人員的選擇及職責

在一個餐廳的採購部門中，包括購買的需要性、標準用量、採購預算的調配、控制、倉儲的調度及供應商的協調等。餐飲原料的採購管理，首要的目的為確保每一種原料的品質和數量符合使用的標準，並獲得最優惠的價格。

原料採購的良好與否，直接影響菜餚的味道及新鮮度。如果原料採購的數量、品質和價格不合理，則會使得餐飲成本大大地提高。

一、餐飲採購人員選擇原則

合格的採購人員是餐飲業做好採購的基本要件。採購的技能不是一項輕鬆的任務，必須具備多年的經驗和知識，而且對於成本控制有著舉足輕重的影響。有一管理學家認為，一個好的採購人員可為企業節省約5％的餐飲成本。可見選擇採購人員是十分重要的，一個合適的採購人員應具備的條件有下列幾點：

1. 瞭解食品飲料產品市場：他必須熟悉蔬菜、食品、飲料的銷售管道，熟悉各個批發商和零售商，瞭解產品市場的行情。

2. 要瞭解餐飲經營與生產管理：首先必須對企業的餐飲菜單內容、原料完全瞭解，熟悉廚房內加工、切配、烹調的整個環節，清楚各種原料的耗損情況、烹調的特色、加工的複雜及難易度。

3. 具備食品飲料產品的知識：掌握在什麼季節購買什麼產品，懂得如何選擇各種原料的規格、質量和生產地，原料的保存期限及存放方式。這些知識對於原料的選擇和採購數量的決策有極大的影響。

4. 採購時機的掌握：他必須清楚知道如何、何時、在哪裡可以採購到高品質的物資、材料、設備，以及達到多少數量會享有價格優惠。

5. 瞭解財務制度：企業的財務政策、付款條件及時間，都要清楚瞭解，才能和供應商接洽。

6.具職業道德：採購人員必須有高度的道德標準，拒絕賄
　賂，誠心對待供應商，維持企業長遠的利益。

二、餐飲採購人員的職責

　　餐飲採購人員的工作觀念，應以最高的效率、合理的最低
成本來完成任務。採購人員的基本職責爲：

1.決定採購要件。
2.維持便利且充足的存貨量。
3.執行協調功能。
4.維持與供應商良好的功能。
5.監督供應商。
6.處理過多或不適用的貨品。

第三節　餐飲採購方式

　　現代工商愈發達，採購的方式也愈來愈複雜。餐飲業依據
許多不同的考慮因素，決定合適的採購方式。

一、決定採購方式的考慮因素

　　決定採購方式的考慮因素可分爲內部因素與外部因素，茲
分述如下：

■ 內部因素

　　1.採購機構規模大小。

　　2.物資性質。

　　3.數量多寡。

　　4.使用情況緩急。

■ 外部因素

　　1.市場行情。

　　2.市場供需情形。

　　3.採購地區。

　　4.供應來源情況。

二、餐飲採購方式

　　餐飲採購方式一般可分為合約式採購、報價採購（quoted purchase）、現場採購、直接至產地選購、拍賣方式等。以下分別詳述如下：

㈠合約式採購

　　所謂合約必須是買方與賣方雙方面達成一致性協議，合約始有效。合約性採購必須具備要約與承諾兩大要件，始可成立。換言之，買方向賣方發出訂單，其價格、條件必須為賣方所願意接受，則合約採購始成立。然而，由於買賣雙方簽訂期間有長短之分，可分為長期合約和短期合約。

■ 長期合約

　　為求主要食品原料來源的可靠，大多餐飲業採取長期性合約。長期合約由於期間較長，合約中有規定可調整價格之條款，特定期間重新商訂價格。對於買賣雙方均有利，因其價值及數量龐大，合約簽妥可分期分批供應，節省時間又有保障。由於此類合約對餐飲業者本身影響甚大，故須由最高決策者簽訂。

■ 短期合約

　　所謂短期合約，係指買賣雙方談妥交易條件，合約即成立。

(二)報價採購

　　餐飲業的報價採購是指餐飲業者將所需要的物品填單後，向供應商詢價，請供應商寄上報價單或正式報價，此法稱為報價採購。通常賣方所填寫的報價單，包括：品名、價格、單位、數量、交易條件及有效期限。

■ 報價原則

　　1.附帶條件：報價單上可附帶條件，附帶條件的重要性和主要項目一樣。

　　2.不得毀約：買方一旦同意接受報價單上的內容，事後不得任意退回或毀約。

　　3.效期：報價單上之效期，不是以報價人之報價日期為準，須以報價送達對方時始生效。

　　4.期限：餐飲業的報價單若超過報價規定期限，則此報價單自動失效。

■ 餐飲報價採購之種類

　　餐飲報價採購分為確定報價 (firm offer)、條件式報價。

1. 確定報價：指在某特定期限內才有效的報價。是目前餐飲業當中最普遍的一種報價。確定報價是指在有效期限內，賣方所提出的價格被餐飲業者接受，則此種交易行為成立。如果逾期對方不寄發接受通知，則此買賣行為不成立。

2. 條件式報價：指供應商在報價時附有其他條件，依條件內容不同可分為以下幾種：

   ・無承諾報價（offer without engagement）：此類報價通常只作為參考用，供應商依照當時市價報價，漲價不另行通知。

   ・賣方確認之報價（offer subject to seller's confirmation）：此種報價比無承諾報價有保障。

   ・還報價（counter offer）：餐飲業者對於賣方的報價單中的條件、品質規格、付款方式等均滿意，只有覺得價格過高，要求賣方減價。此種討價還價之方式，如果賣方後來也接受，則此交易完成；反之，則不成立。

   ・再複報價：餐飲業者希望賣方依照上次交易條件報價的報價方式。

   ・聯合報價：是一種綜合性的報價，具附帶性條件的報價，例如，只售全套，不零售。

   ・更新報價：原有的交易條件不變，只是有效期限過期，以同樣條件重新報價，稱為「更新報價」。

(三)現場採購

餐飲業者依照所需原料及數量，直接至市場選購，可將庫

存量降到最低。而且可以多方比較，如果某供應商缺貨，可以馬上找到替代的供應商，彈性較大。

㈣直接至產地選購

食物類的原料較有可能採用此種採購法。

㈤拍賣方式

餐飲業者若擁有商品經濟人執照，則可進入大盤拍賣場，可使成本降低。

三、餐飲食品採購法則

各類物資及原料的種類、特性分歧，依照品質、形狀、構造、尺寸、成分，加以詳細規定，才能確保品質。以下從蔬果類、肉類、海鮮類、乳製品、調味料等加以詳述。

㈠蔬果類

蔬果類可以分為蔬菜類及水果類：

■ 蔬菜類選購

不同蔬菜有不同的挑選重點。一般而言，深綠色的蔬菜營養價值較高。以下依葉菜類、果實類、根菜類、莖菜類、塊莖類分別加以說明。

1. 葉菜類：包括菠菜、高麗菜、大白菜和小白菜等。這類蔬菜應注意葉莖部分是否腐爛，選擇菜葉肥大、有彈性的、葉面光滑。

2. 果實類：果實類包括冬瓜、番茄、茄子、絲瓜等。應選擇色彩鮮豔、無斑點者。

3. 根菜類：包括蕃薯、紅蘿蔔、白蘿蔔等。應選擇飽滿、結實和水分較多者。

4. 莖菜類：包括芹菜、韭菜。應選購未枯萎者，鮮嫩者。

5. 塊莖類：如馬鈴薯、竹筍、毛豆、豌豆等。馬鈴薯應挑選無長芽者；竹筍以鮮嫩、色白、粗大者為佳；至於毛豆、豌豆，則應選擇色澤自然、無色素、表皮光滑者。

■ 水果類選購

水果的種類繁多，水果業者多把過熟或有瑕疵的水果賤賣，因此不宜購買廉價、品質差的水果。選購水果時應注意的事項有以下各點：

1. 果皮：判斷水果的新鮮度，首先要注意的當然是水果的表皮，好的水果果皮要完整，果體堅實，水分充分，色澤鮮豔。

2. 時令：合乎時令的水果，不但好吃而且價格便宜。

㈡肉類

選購肉類時首先應注意採購地點，販賣地點的內外是否通風、清潔；時間最好在上午，才能採購到新鮮的肉品，選擇的範圍也較大。其次，在生鮮肉類的採購上，特別要注重以下幾點原則：

■ 認識各部位的特性

動物因功用差異，屠宰肉的組成會有所不同。為了能買到理想的生鮮肉品，採購前必須認識各部位的組織特性。一般把

豬肉、牛肉依照組織、含筋量和脂肪含量，分成上肉、中肉及下肉。前腿肉的肉塊小、筋較多，腹肉的脂肪多、筋也多，所以適合用來滷肉。而炒炸則適合使用背肌肉和後腿肉，脂肪少且組織較細。

■ 色澤

品質好、新鮮的肉一般都呈現光澤，不過不同種類的肉會有不同的顏色特性。以下從豬肉、雞肉、牛肉、羊肉、鴨肉的不同選擇特性舉例說明。

1. 豬肉：新鮮的豬肉單從肉的顏色來判斷，應該是鮮紅色。如果呈現灰白或黃褐色，或肉質沒有彈性，肉表面流出汁液，則稱為「水樣肉」，不宜選購。
2. 雞肉：雞肉則是以呈現淡紅色者較為新鮮。
3. 牛、羊肉、鴨肉：這三種肉類在顏色的選擇上應選擇深紅色的。

■ 組織

通常可用視覺和觸覺來判斷肌肉的組織及特性。屠宰的時間如果經過愈久，則肉質會變得愈無彈性。可直接觸摸去感覺肉是否具彈性。至於肌肉纖維的粗細和脂肪的分佈情形，則是用眼睛就可以看出的。選購雞肉時，宜選擇表皮毛囊較細小者為佳；而牛肉或豬背脊肉，講求的則是橫斷面是否為「大理石紋狀」，因脂肪分佈的大小會影響口感。

■ 保水性

保水性指的是肉品包含水分的能力，是生鮮肉品的重要指標之一。最常見於豬肉的背脊肉和後腿肉，當保水性不佳時，陳列時會發現有水分流出，表面溼溼的，此類肉品的品質較差，

應避免採購。

■ 氣味

如果肉品有鹹味、腐臭或阿摩尼亞的味道時,表示有問題。

■ 來源

應注意肉品的來源是否經過屠宰衛生檢查,來歷不明的肉,很可能是私宰肉、病豬或死豬肉,食入體內將影響健康。

㈢海鮮類

海鮮的種類包括魚類、貝類、蝦類、烏賊等。

■ 選購魚類注意事項

在餐廳中較常見的魚有鮭魚、鱸魚、黃魚、鯧魚、鱒魚、旗魚等,然而選購魚類的原則大同小異,茲說明如下:

1.外型:可由魚鱗、魚眼、魚皮、魚肉等部分加以判斷。

　・魚鱗:新鮮的魚其鱗片的色彩,閃閃發亮,鱗片緊貼著不易脫落。

　・魚眼:新鮮的魚眼除了晶瑩明亮之外,眼球和眼白能清楚的分辨出來,並且沒有充血的現象。反之,眼球混濁且凹陷的魚就不新鮮了。

　・魚皮:不新鮮的魚皮黯淡無光,用手壓即產生皺紋,用清水沖洗容易破裂,特別注意這幾點,則容易從魚皮來觀察魚的新鮮度。

　・魚肉:剛死不久的魚,魚肉摸起來有彈性且結實,魚嘴略為張開。不新鮮的魚肉軟且魚肉和骨骼分離,魚嘴軟而鬆弛。

2.色澤:鮮魚的鰓呈鮮紅色,拉開後很快就會恢復原狀,

若食用鰓呈暗紅色或綠色的魚，則易引起食物中毒。

3. 內臟：從魚腹切開時鮮血斑斑，色澤光滑，皮肉飽滿有彈性，則為新鮮的魚。

4. 氣味：新鮮的魚雖有魚腥味，但聞起來不刺鼻。

■ 選購貝類的注意事項

貝類的選購方式及外形的注意原則如下：

1. 方式：選購貝類時可以互相敲打來判斷，發出清脆的聲音且貝殼緊密不開者為佳。

2. 外形：若貝殼已張開多不新鮮。

■ 選購蝦類的原則

單單台灣產的蝦種類就有二、三十種之多，選購蝦的注意事項如下：

1. 外型：蝦整體的形狀應完整無缺，破碎或損傷者不佳。蝦頭和蝦體若鬆弛者，屬於次等貨。

2. 色澤：色澤光滑發亮，若蝦的本身失水則會乾乾的。

3. 蝦頭：新鮮度較差的蝦類，蝦頭赤白或蝦頭尾部會有黑點。

4. 其他：龍蝦、大頭蝦等大型的蝦類，應整隻採購，保持完整性和新鮮度。

■ 選購烏賊的注意事項

選購烏賊時可從外形及色澤來判斷：

1. 外形：烏賊俗稱「花枝」，選購烏賊肉身堅實堅硬者為佳。

2. 色澤：平時的烏賊顏色是白色透明略帶青綠或紫褐的螢光色，死後缺少透明感，呈茶色或濃黑色。新鮮的烏賊斑點是用手去彈會明明滅滅的，死後的烏賊斑點會變大，呈褐色再變白色，更久之後變紅色，所以要在烏賊變白之前選購。

(四)乳製品

■ 乳製品的種類

乳製品指的是以乳類為原料，經過加工、調配所製成的產品。市面上的乳製品極多，以下將常見的種類略述如下：

1. 調味乳：內含50％以上的乳為原料，再添加香料／調味料等製成的食品，咖啡牛奶、果汁牛奶等皆是。
2. 奶粉：從乳類中去除水分後，濃縮乾燥的粉末狀乳品，有全脂奶粉、調味奶粉、脫脂奶粉等。
3. 冰淇淋：以牛奶為主，加上砂糖、香料、雞蛋等，調製凍結而成的產品，口味十分多樣化。
4. 發酵乳：所謂的發酵乳是指用乳為主原料，加上乳酸菌後再經發酵調味的食品。可分為液狀與半固狀的，液狀的發酵乳如養樂多、健健美；半固狀的發酵乳如乳果等。

■ 選購乳製品注意事項

選購乳製品須注意期限、標籤、包裝和儲存環境。

1. 期限：注意保存期限。
2. 標籤：品名、商標、內容量及成分必須標示清楚。

3.包裝：包裝容器是否潔淨完好。

4.儲存環境：成品是否存放於適當溫度下，如果儲存溫度
過高則容易變質。

㈤調味料

香料的使用會增加食慾，促進消費者的接受度，所以食品
添加物有其必要性，但是並不是所有的調味料都可以使用在所
有的食物裡，濫用會影響身體健康。因此在選購和保存時，應
特別注意下列幾項：

1.標示：購買前應注意是否標示清楚，包括：品名、成分、
容量、重量、製造日期、保存期限及製造廠商的名稱和
地址。

2.包裝：若是以袋子包裝，應注意袋子是否牢固；若是罐
裝則以淺褐色者為佳，避免陽光直接照射。

3.儲存環境：商品陳列的場所應該是涼爽、乾燥，陽光照
射不到的地方。

第四節　餐飲驗收管理

有了完善的餐飲採購管理，訂購了最適當的原料，接下來
的餐飲驗收管理與採購管理的目標是一致的，二者緊密結合。
之後的內容中將從餐飲驗收定義、餐飲驗收原則及餐飲驗收方
法加以探討。

一、餐飲驗收作業

餐飲業的物料經過採購之後，必須經過驗收才可入庫。餐飲驗收涵蓋許多層面的動作，經過餐飲驗收作業後，物資或原料可能被接受，也可能被拒絕。所以，餐飲驗收作業是一項控制進貨產品是否符合採購標準的必要工作。

㈠餐飲驗收的意義

餐飲業的驗收是指物資原料經過檢查或是檢驗後，接受合格的過程。然而物料的合格與否，必須以餐飲業的驗收標準作爲依據，來決定是否受理。物資原料的驗收是一種手段及過程，而不是目的，所以餐飲業必須考慮時間及成本，來訂定驗收的標準。

餐飲業的驗收標準，可依物料的好壞和檢驗兩種標準來分：

1. 以物料的好壞爲標準：可能因人而異，並不具體。
2. 以檢驗爲標準：不同的物料有不同的檢驗標準，有的以目測，有的用器具衡量。

㈡餐飲驗收的種類

餐飲物資原料的驗收工作可依地區、時間、數量及權責的不同來作爲區分：

■ 以地區來分

1. 產地驗收：在製造或生產物料的地方進行檢驗工作。
2. 交貨地驗收：物料到達規定的交貨地點後，才進行檢驗驗收。

■ 以時間來分

1. 報價時：餐飲業者在接受供應商報價時即日對樣品檢驗。
2. 製造過程中：在原料製造過程中，進行抽樣檢驗，以確保生產過程的品質。
3. 交貨時：餐飲業者在供應商交貨時，對物料進行檢驗。

■ 以數量來分

1. 全部檢驗：全部檢驗法又稱為「百分之百檢驗法」，餐飲業中較昂貴的物資原料採用此法。
2. 抽樣檢驗：從每項進貨產品中抽取些許樣品加以檢驗。

■ 以權責來分

1. 自行檢驗：國內採購物料大部分採用此法，有買方自行派遣驗收人員負責。
2. 委託檢驗：如果供應商與餐飲業者的距離過於遙遠，或是業者本身缺乏專業設備與知識，則業者會委託專業機構代行檢驗。
3. 工廠檢驗證明：此驗收法是依據製造工廠所出具的「檢驗合格證明書」，如廚房或餐廳用的大型機器設備。

二、餐飲驗收程序及方法

餐飲業的驗收強調標準的驗收程序，不但可以控制驗收工作的確實，而且可以節省物資原料進貨的時間。餐飲業的驗收程序是先根據訂購單驗貨、核對原料的數量金額、接受貨品、填寫驗收報表與相關記錄。

㈠根據訂購單驗貨

廚房或庫房的驗收人員必須根據訂購單上的要求來收貨。規格、數量、品質等如有不符合訂購單上的規定，不予受理，以免不合用的原料流入庫存。

1. 不受理沒有依規定辦理訂購手續的物料。
2. 不受理規格錯誤的物料。
3. 對於有疑問的原料，必須報請廚師或上級人員仔細檢查，確保符合規定者才可簽收。
4. 需要冰凍的原料，送貨來的時候，如果已解凍、變軟，亦當作不合格而拒收。

㈡核對原料的數量金額

簽收單是日後會計部門付款的依據，因此訂購金額及數量絕不可算錯。

1. 檢查訂購的數量與實際的數量是否相符。
2. 逐一點收數量，記錄實收的箱數、袋數或個數，如飲料

等。

3.若是以重量計算的原料，如麵粉等則須過磅，檢查其中是否有摻雜其他物品以增加重量。

4.若簽收單並未隨著原料同到，不可憑印象，一定要用企業內部備用的簽收本記錄，並請送貨員簽名。

㈢接受貨品

完成上述兩個程序之後，驗收人員應在送貨單上簽字確認接受商品。有的單位會刻收訖章，驗收人員直接蓋章後再簽名。一般的收訖章包括收貨日期（可隨實際日期調整）、公司名稱、單位部門等。

㈣填寫驗收報表與相關記錄

為了進貨控制的需要，也避免日後有問題產生，完成驗收工作的最後步驟是填寫相關的日報表，月底再製成月報表。

第五節　餐飲驗收原則

餐飲業在進貨與驗收的過程中是環環相扣的，餐飲驗收有兩大目標，分別為：(1)檢查所到的貨品是否符合各項要求；(2)掌握所收到的物料與整個服務的流向。

為了達到驗收的目標，首先敘述驗收人員的職責，餐飲驗收的準備工作另外是餐飲驗收的原則及注意事項。

一、餐飲驗收人員職責

為了保證驗收工作的順利進行，首先必須對驗收人員有一些要求。不論原料的驗收是由指定的人員或廚師去點收，首重條件是要有一定的素質。以下將餐飲驗收人員的職責詳述如下：

1. 有原則：驗收人員應以餐廳的目標為重，秉公處理，不貪圖小利。
2. 勤勞踏實：由於驗收有一定的程序，必須確實、認真做好每一步驟而不偷懶。
3. 瞭解企業的財務制度：驗收人員應該懂得餐廳相關帳單處理的程序與方法。
4. 接受專業訓練：必須對餐飲物資、原料有基本的認識，才能勝任驗收時所需的知識。

二、餐飲驗收的準備工作

餐飲驗收部門在進行驗收工作前，必須有一套完善的準備工作。餐飲驗收場所及設備要符合該項物資或原料，並且在驗收前要先確認交貨驗收時間、交貨驗收地點、驗收數量與種類、驗收程序及驗收證明單。茲詳述如下：

1. 交貨驗收時間：物資原料採購合約應明定交貨日期、時間，若有延遲交貨情形發生，供應商應事先通知，以免驗收無法配合。

2.交貨驗收地點：交貨地點依照採購合約指定地點卸貨，驗收地點一般為交貨地點，如因原訂地點臨時無法使用，應事先讓驗收部門清楚移轉的地點。

3.驗收數量與種類：驗收部門應清楚所要驗收的原料種類與數量。

4.驗收程序：依照餐飲業者規定進行驗收的程序，不可自行減少其中步驟。

5.驗收證明單：餐飲業在驗收所到的物資及原料後，應將填寫完整的驗收單交給賣方，交貨條件不符之處，應清楚詳載原因，以利辦理相關手續，驗收結果並應通知賣方。

三、餐飲驗收原則及注意事項

此部分是從餐飲實務的觀點來介紹驗收的原則及驗收時的注意事項。

㈠餐飲驗收原則

關於餐飲驗收的基本原則，以下就規格、合約、驗收的內部組織、部門單位及效率來做說明。

1.規格標準化：通常由需用的單位提供，在訂定規格時，應考慮到供應商的能力，以經濟實用為原則。

2.合約條款明確化：餐飲合約簽訂後必須負責，所以買賣完成後的合約要清楚明白，以利驗收作業之順利。

3.組織健全化：餐飲業者必須有專設的驗收單位，才能設

計出一套完整的驗收制度。對驗收人員加以訓練，以發揮驗收應有的效用。

4. 採購、驗收部門區分化：採購與驗收雖然相輔相成，但是權責仍應劃分清楚，以便各依其職，互相配合。

5. 驗收過程效率化：驗收工作的過程中應力求迅速、確實，確保物資原料的新鮮，尤其是海鮮、肉類產品，將不必要的麻煩減到最低，以達到最高效率。

(二)餐飲驗收注意事項

除了依循上述的餐飲驗收原則之外，在進行物資原料的驗收過程中，更應注意以下各點：

1. 餐飲驗收人員的能力：餐飲驗收人員並不是隨便就可以擔任的，所需具備的能力是必須對驗收的工作有興趣，個性機敏、誠實且具有餐飲採購驗收的相關知識。

2. 驗貨工具：以餐飲業而言，最普遍的驗貨工具包括磅秤、溫度計、吊秤和尺。
   - 磅秤：磅秤是餐飲驗貨區最重要的工具。
   - 溫度計：溫度計是用來檢查冷藏及冷凍貨品的溫度。
   - 吊秤：某些大型的餐飲業，會使用吊秤來度量較大型的原料。
   - 尺：尺可用來測量肉切割的厚度以及肉的脂肪規格。

3. 採購單副本：餐飲驗收人員為了充分掌握進貨的貨品品名、數量及送貨時間，應隨時對照採購單。

4. 驗收時間：餐飲驗收時間的安排不能重複或太接近，讓驗收人員可以在充裕的時間完成驗收工作。而驗收人員

自己也要確實掌握進貨的時間，安排完善的驗收作業，尤其是食品類要直接運送到廚房的原料。

5. **驗貨空間**：為了使餐飲驗收作業達到最大的功能，除了要有足夠的驗貨空間之外，還須注意到照明度、溫度等問題，讓供應商的送貨員與驗收人員能正確無誤的完成工作。

6. **驗貨場地**：餐飲驗收場地設置合理與否，直接影響餐飲驗收人員的工作量及驗收的效率。以餐飲業而言，一個理想的驗收場地，應設置於緊靠原料送貨區與倉庫之間，讓餐飲的生產與服務可以順暢，以方便操作並減少搬運的工作量。

第六節　餐飲驗收方法

從以上的介紹可以瞭解到餐飲驗收的意義、程序及驗收的職責，最後再以驗收方法來作為研究，使讀者對餐飲驗收作業有全盤性的瞭解。餐飲驗收的方法可分為五種：一般驗收、試驗性驗收、技術性驗收、抽樣檢驗法、填單驗收法。

■ **一般驗收**

所謂的一般驗收又稱作「目視驗收」，是最普通的方法。舉凡一般可用度量衡器具衡量的原料或物品，餐飲驗收人員只要依照訂購單上的規定，核對項目、數量或重量是否正確，但要注意防止驗收人員沒有仔細核對的疏忽。

■ **試驗性驗收**

除了一般性驗收之外，如有特別的材質需要用特殊技術的

試驗，或必須由專家複驗才能決定，此種餐飲的驗收方法稱為
「試驗性驗收」。

■ 技術性驗收

　　如果用肉眼無法直接檢驗，而須由餐飲專門技術人員或特
殊設備儀器才能鑑定的物資，這種需要特殊技術的驗收，稱為
「技術性驗收」。

■ 抽樣檢驗法

　　若進貨的物資及原料一經拆封則無法使用，或數量過於龐
大很難一一檢查時，則採用抽樣法來檢驗驗收。

■ 填單驗收法

　　餐飲業有自製驗收用的空白表單，在驗收時由餐飲驗收人
員依照所進貨的實際情況填寫。這種情形可以減少差錯，但往
往較費時。

第五章　餐飲庫存管理

餐飲物料的管理是餐飲企業的一個重要環節。許多餐飲企業由於對餐飲物料的儲存管理混亂，而使食物飲料等原料變質、腐敗、遭偷竊或被私自挪用。餐廳的倉儲管理，就是要保存足夠的食品原料及各項餐飲用品，以備不時之需，並降低物料因腐壞或遭竊所受之損失，如果庫存管理不當，不但企業的餐飲成本和經營費用提高，而客人也無法得到高品質的餐食。

第一節　餐飲庫存管理的意義

這一節中將先敘述庫存管理的意義，再說明庫存管理的功能及庫存管理的基本條件。

一、庫存管理的意義

倉庫為儲存物料之場所，而倉儲則是依照各項物料性質之不同，分門別類的予以妥善保存於倉庫中。妥善的餐飲倉儲設備及系統，才能使餐飲物料用品免於不必要之損失。

二、庫存管理功能

完善的的庫存管理具有五項功能，包括加強服務、維護材料安全、降低成本、配合採購作業以及加速存貨周轉率。

1. 加強服務：提高餐飲倉儲良好的服務作業，搬運作業趨於自動化，倉儲作業要能快速正確，協助產銷。

2. 維護材料安全：有效的保管以維護材料庫存的安全，建立餐飲業倉庫的原則要能防火、防蟲、防潮、防盜等，並加強盤點檢查。

3. 降低成本：有效的餐飲庫存管理可以縮短食物的儲存期，協助減少物料毀損，保持餐飲業者資金的流動。

4. 配合採購作業：在儲存期間發現物料品質或儲存上的問題，可作為下次餐飲採購時的參考。

5. 加速存貨周轉率：倉儲空間的充分利用，可促進存貨率的周轉，提高餐飲業者的投資率。

三、庫存管理的基本條件

在餐飲庫存的工作中，對於環境、位置、存放、安全、貨物標籤及帳目等均有一定的要求，茲敘述如下：

■ 環境要求

餐飲業的倉庫有一定的溫度控制，空氣應該流通以防止原料受潮發霉，保持清潔衛生。空間應該儘量寬敞，原料不宜堆放太高，貨架的兩旁都要有走道，便於通行取貨。

■ 位置要求

餐飲業倉庫的位置最好在進貨驗收處與廚房酒吧之間，確保貨物的取得和發放的便利，節省時間。

■ 存放要求

物資原料的存放要求包括存放的位置要固定、先進先出和使用程度三方面。

　1. 固定的存放位置：所有的物資原料歸類後應擺放在固定

的位置，同類的放在一起，通常會製作存放的平面圖，便於進貨與尋找。

2. 循環使用：餐飲業應特別注意「先進先出」原則，員工在進貨時，應將新到的物料擺在裡面，標明進貨日期有助於使用先後的管理。

3. 使用程度：按使用程度的多寡來安排存放位置，最常用的物品應放在最容易拿取的地方，依序把重的、體積大的愈接近通道或出入口，減少勞動力和搬運時間。

■ 安全要求

安全方面可從加強監控、利用上鎖系統和限制進出來作為控制。

1. 加強監控：有的餐飲業以人工巡視或從電腦螢幕監控的方法，監視儲存區的情況。

2. 利用上鎖系統：有的庫存區必須上鎖，尤其是價格昂貴的貨物，如高級酒類鑰匙交由專人保管，離開上鎖時都必須登記。

3. 限制進出：除管理員、送貨員、領料人員等相關人員之外，其他人員不得隨意進出。

■ 貨物標籤

貨物標籤是庫存管理時貼在貨物上的管理工具，標籤上的內容包括貨物名稱、進貨日期、數量等，通常由驗收人員填寫。

■ 帳目

正確的貨物儲存帳目有助於進貨、發放和存貨的控制。讓決策者在決定存貨量、訂貨量、發貨量和成本審查時，可以一

目瞭然。

第二節　餐飲儲存原則

　　食品原料購買後，會因溫度、水分、微生物等因素而容易變質或腐壞，必須妥當保存處理才能保持食物的新鮮及營養。餐飲物料的易壞性不同，不同性質的食物需要不同的儲存原則。廚房的原料一般可分爲兩大類：冷藏和乾藏。需要低溫甚至冷凍條件下才能保存的原料則採用冷凍庫或冷藏庫來儲存；只需要在常溫下便可保存的原料則用乾貨庫來儲存。

一、冷凍庫與冷藏庫的儲存

　　餐飲業通常使用冷凍庫和冷藏庫來保存食品。利用低溫抑制細菌繁殖的原理，提高物料保存的品質，延長保存期限。然而管理人員必須注意控制冰箱和冷藏室的溫度和濕度。

㈠冷凍庫

　　冷凍庫是用來儲存保存期限較長的食物，包括的食品原料有：肉類、魚類、蛋、水果等。（如**圖 5-1**）

　　食物冷凍保存好壞的關鍵有以下幾點：

1. 冷凍的速度要迅速：食物冷凍儲存的步驟爲降溫—冷凍—儲存。急速冷凍的情況下不易損壞肉類食物的結構，才能保持食物的鮮美。

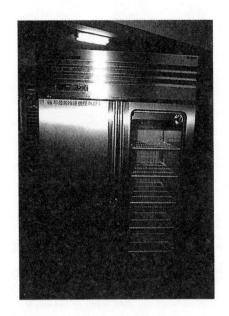

資料來源：凱祥冷凍冷藏設備

圖5-1　冷凍庫

2. 掌握食物的性質：不同食品需要的冷凍條件不同，必須
   完全瞭解掌握食物的性質，才能有良好的保存。

3. 冷凍的溫度要低：一般食品的冷凍不宜超過三個月，且
   冷凍的溫度要穩定。

4. 適當處理食物的解凍：魚肉類經冰凍後，必須先解凍才
   能使用。一般都置於冷藏室進行解凍，不可於室溫中或
   過夜解凍，以免引起細菌或微生物的滋生。

　　冷凍後的水餃或春捲則毋須解凍，可直接烹調。如果解凍
反而會破壞食品的外觀及美味。

(二)冷藏庫

在冷藏庫儲存的物料有：新鮮的魚、肉、蛋類食品，蔬菜、水果和加工後的成品、半成品。理想的冷藏室溫度宜設定在4°C以下，並保持通風。

(三)冷凍和冷藏的注意原則

1. 冷藏室對於食物的品質保存十分有限，應儘快利用新鮮而未冷凍的肉類食物。
2. 不論時間長短，已煮過或容易腐爛的食物，不可置於室溫之下，應立即冷藏，等到準備使用時再從冷藏庫中取出。
3. 冷藏庫內的食物應加蓋或用保鮮膜包好。
4. 應注意冷藏庫的負荷量，冰箱門要隨手關好。
5. 冷藏庫中的食物和食物之間要留空隙。
6. 食物與冰箱中的箱壁要保持一段距離，以保持空氣流動。
7. 生食和熟食要分開保存。

二、乾貨庫管理

通常不需要冷凍或冷藏的原料放置於乾貨區來儲存，但是也要保持相當的涼爽。至於乾貨儲存區的條件和具體做法敘述如下：

㈠儲存區的條件

乾貨儲存區的條件包括溫度、濕度、存貨架等。

1. 溫度：最佳的儲存溫度在18～21°C之間，但是對大部分的原料來說，若能保持在10°C的話，保存的品質會更好，絕對不可超過37°C。所以必須選擇防曬、遠離發熱設備的位置。
2. 濕度：乾貨區必須保持乾燥，濕度高物料容易變質。一般的相對濕度為50～60％，為保持通風良好，標準情況下為每小時要交換空氣四次。
3. 存貨架：存放玻璃製品和瓷器等餐具用品，應使用木製的貨架，避免使用金屬架，以防破損。

㈡乾貨區的具體做法

茲將乾貨存放區的具體做法說明如下：

1. 分類整齊：分類整齊可以確保其固定位置。
2. 安裝溫度計和濕度計：準確的溫度計和濕度計才能定期檢查庫存區的溫度和濕度，防止溫度和濕度超過許可範圍。
3. 非食用物資分開存放：餐飲業的非食用性物資除了餐具之外，還有炊具、清潔劑等，尤其是清潔劑和清潔用品有腐蝕性或毒性，必須與食用性物資分開存放並標明清楚，以免誤用。

三、食物的儲存

以上介紹了冷凍庫和冷藏庫的儲存原則，這個部分從蔬菜類、水果類、肉類、海鮮類、乳製品、穀物類、蛋豆類、油脂類、罐頭、醃製品、酒類、飲料等分別說明儲存原則。（如**表5-1**）

■ 蔬菜類

先除去外皮的污物和腐敗的菜葉，保持乾淨，裝入紙袋或套入有孔的塑膠袋，放在冰箱的下層，在5～7°C的冷藏溫度下約可儲存五天至七天。趁新鮮食之，儲存愈久，營養損失愈多。

冷凍蔬菜應按照包裝上說明，未使用時存放於冰箱，已解凍者不可再次冷凍。

■ 水果類

水果不可冷凍，只可冷藏；水果去皮或切開後，應立即食用，避免去皮冷藏。

■ 肉類

肉類在冰凍前應先清洗，瀝乾水分，用清潔的塑膠袋包裝後，存放於凍結層內。若要將整塊肉絞碎則應在絞碎前先清洗乾淨，瀝乾後依需要分裝於塑膠袋內，放在凍結層或冷藏層，而冷藏層存放肉類的時間不宜超過二十四小時。解凍後的肉類，不宜再凍結。

■ 海鮮類

存放於冷藏層的魚類，必須先去除魚鱗、鰓和內臟，沖洗乾淨瀝乾後再放入冰箱。

表5-1 蔬果類和魚肉蛋類的冷藏簡表

類別	品名	冷藏情況 溫度(℃)	濕度 RH%	時間	含水量 %	最高凍結溫度 ℃	凍結潛熱 kcal/kg	比熱 凍結前 kcal/kg℃	比熱 凍結後 kcal/kg℃	呼吸熱 (kcal/24 HRS 1,000kg)
蔬菜類	白菜	0	90-95	3-4月	92.4	-0.9	73.3	0.94	0.47	(333) 0℃
	菠菜	0	90-95	10-14天	92.9	-0.03	73.3	0.94	0.48	(1167～1361) 0℃
	番茄(青)	13.9~21.1	85-95	2-4週	94.7	-0.6	74.4	0.95	0.48	(1722) (16.7℃)
	葡萄	0	90-95	2-4月	93.6	-0.7	74.4	0.95	0.48	
	糖	3.3~10	85-90		77.8	-0.6	61.6	0.82	0.43	(361～500) 4.4℃
	洋芋(建收)	7.2~10	90-95	10-14天	96.1	-0.6	76	0.97	0.49	(611～1833) (156℃)
	黃瓜	7.2	85-90		88.9	-0.7	71.0	0.91	0.47	(2556～3167)(4.4℃)
	豆(鮮)	0~1.7	85-90	8-10天	91.1	-0.9	72.2	0.93	0.47	(1722) 0℃
	洋菇(鮮)	0~10	50-65	3-5天						
	蔬菜罐子	0			7.0-15.0	—	8.88	0.29	0.23	
	洋蔥	--	70-75	6-8月	87.5	-0.8	68.82	0.90	0.46	194～306 0℃
水果類	西瓜	2.2~4.4	85-90	2-3週	92.1	-0.04	73.3	0.94	0.48	
	香蕉	20	85-95	--	74.8	-0.8	60	0.80	0.42	(2334～2556) 20℃
	装罐(熱)	4.4~7.2	85-90	2-4週	85.3	-1.1	67.7	0.88	0.45	
	芒果	10	85-90	2-3週	81.4	-1.0	65	0.85	0.44	
	菁菜(鮮)	7.2~10	85-90	4-6週	75.2	-1.4	60	0.80	0.42	
	蘋果	-1.1~0	85-90	--	84.1	-1.5	67.2	0.87	0.45	(83～417) 0℃
	梨	-1.7~-0.6	85-90	2-4週	82.7	-1.6	65.5	0.86	0.45	(194～250) 0℃
	桃子	-0.6~0	85-90	3-4週	86.9	-1.0	62.2	0.90	0.46	(250～389)(0℃)
	橘	-0.6~-3.3	90-95		87.3	-1.0	69.4	0.90	0.46	
	橙	0~1.1	85-90	8-12週	87.2	-0.8	68.8	0.90	0.46	(111～278)(0℃)
	木瓜	7.2	85-90	2-3週	90.8	-0.9	72.2	0.82	0.47	--

（續）表5-1　蔬果類和魚肉蛋類的冷藏簡表

類別	品名	狀況	冷藏溫度(℃)	濕度 RH%	時間	含水量%	凍結溫度(℃)	凍結潛熱(kcal/kg)	比熱 凍結前	比熱 凍結後
肉類	豬肉	鮮藏	0～1.1	85～90	7～12天	47－54	-2.2～-1.7	37.2～42.7	0.85－0.63	0.34－0.3
		醃製	15.6～18.3	50～60	0～3年	40－45	—	31.6～35.2	0.52－0.56	0.32－0.3
		凍藏	-23.3～-17.8	90～95	6～8月	—	—	—	—	—
	牛肉	鮮藏	0～1.1	88～92	1～6週	62－77	-2.2～-1.7	49.4～61.1	0.7－0.84	0.38－0.4
		凍藏	-23.3～-17.8	90～95	9～12月	—	—	—	—	—
	羊肉	鮮藏	0～1.1	85～90	5～12天	60－70	-2.2～-1.7	47.7～55.5	0.68－0.76	0.38－0.51
		凍藏	-23.3～-17.8	90～95	8～10月	—	—	—	—	—
	禽肉	鮮藏	0	85～90	1週	74	-2.8	58.8	0.79	0.42
		凍藏	-28.9～-17.8	90～95	9～10月	—	—	—	—	0.42
魚類	魚蝦	鮮藏	0.6～1.7	90～95	5～15天	62－85	-2.2	49.4～67.7	07.0－0.86	0.38－0.45
		凍藏	-23.3～-17.8	90～95	8～10月	62－85	—	49.4～67.7	—	—
		煙燻	7.2～10	50～60	6～8月	—	—	51.6	0.70	0.39
		鹽醃(輕度)	7.2～10	90～95	10～12月	—	—	55.5	0.76	0.41
		鹽醃(輕度)	-2.2～1.7	75～90	4～8月	—	—	55.5	0.76	0.41
	蛤類	鮮藏	0.6	90～95	3～7天	80－87	-2.2	62.7～69.4	0.83－0.9	0.44－0.46
		凍藏	-33.9～-17.8	90～95	3～8月	—	—	62.7～69.4	—	—
蛋類	有殼	全蛋	-1.7～-0.6	80～85	6～9月	66	-2.2	53.3	0.73	0.40
	去殼	全蛋	-17.8	—	1年以上	74	—	58.8	—	0.42
		蛋黃	-17.8以下	—	1年以上	55	—	43.8	—	0.36
		蛋白	-17.8以下	—	1年以上	88	—	69.9	—	0.46
	蛋粉	全蛋	1.7～4.4	低	6～12月	2－4	—	2.22	0.22	0.21
		蛋黃	1.7～4.4	低	6～12月	3－5	—	3.33	0.23	0.21
		蛋白	常溫	低	1年	12－16	—	11.1	0.31	0.24

資料來源：凱祥冷凍冷藏設備

■ 乳製品

乳製品的儲存原則應注意以下五點：

1. 乳酪不可冰凍，如果拿去冰凍，會破壞顆粒，而使得乳酪容易破碎。
2. 奶油的包裝必須緊密，以防香味流失。
3. 乳酪的包裝必須密封，以免變乾燥。
4. 牛奶和牛奶類產品的容器必須隨時蓋緊。
5. 調味乳、發酵乳和乳酪類應存放於5℃以下。

■ 穀物類

穀物類的儲存原則包括以下三點：

1. 不可存放於潮濕之處，以免發霉。
2. 注意保存期限，不可存放太久，以免蟲害。
3. 蕃薯類去除塵土和污物後，以多孔塑膠袋或紙袋裝好，置於陰涼處。

■ 蛋豆類

蛋豆類的儲存原則分述如下：

1. 蛋類：擦拭外殼污穢，置於冰箱蛋架上，必須保存於5℃以下。
2. 豆類：乾豆類略為清理後保存，青豆類清理後瀝乾，放入乾燥的容器內。

■ 油脂類

油脂類的儲存原則包括以下三點：

1.勿受陽光直射，置於陰涼處。

2.不宜儲存太久，發現變質絕不可使用。

3.開封後瓶蓋應蓋緊，並儘速用完。

■ 罐頭

罐頭的儲存原則包括以下四點：

1.注意保存期限與方法。

2.存放於乾燥、通風、陰涼處。

3.外表時常保持乾淨，若濕氣太重或灰塵過多，容易腐敗生銹。

4.冷凍庫的強冷會改變品質，罐頭類產品不宜存放於冷凍庫。

■ 醃製品

一般醃製產品的存放期限都不太長，應存放於冰箱或乾燥通風處。

■ 酒類

酒類的儲存原則包括以下七點：

1.瓶蓋、標籤保持完整。

2.放置於陰涼通風陽光照射不到之處。

3.避免搖盪，影響風味。

4.儘量減少搬動密封裝箱的酒類。

5.不可和其他有特殊氣味的物品一起儲存，以免酒類受到污染而有別的氣味。

6.啤酒：啤酒是愈新鮮愈好喝的酒類飲料，所以宜趁新鮮時飲用。在室內約可保持三個月不會變質，最佳的保存

溫度爲6～10℃，冷藏後拿出不宜再度冷藏，否則容易產
生沈澱和混濁的現象。

7.葡萄酒：葡萄酒可在常溫下保存，儲存的方式是平躺在
酒架上，使軟木塞能長期浸泡在酒中而不至於壓縮，避
免空氣進入。

■ 飲料

飲料的存放是在陰涼通風處或冰箱內，不可受到陽光的直
射或潮濕。新鮮果汁必須加蓋存放於冰箱，減少氧化。

第三節　物料發放

餐飲業的收發管理，必須控制廚房用料的數量，確保廚房
及吧枱能及時得到足夠的原料，並且要隨時正確的統計食物的
成品和原料的庫存量。在發放的範圍中可分爲直接採購原料的
發放、庫房原料的發放和飲料的發放。

一、直接採購原料的發放

餐飲業直接採購的物資爲易壞性較高的原料，這些物品驗
收後直接送到廚房，一批原料若當天未用完，剩餘的部分在往
後的第二天或第三天繼續使用，而原料的發放和成本的計算是
以當天原料進貨額來計算。

二、庫房原料的發放

通常存放於餐飲業倉庫的原料，是經過採購驗收後直接送入倉庫的，包括乾貨食品、冷凍食品等。為了控制庫存管理和餐飲成本正確的計算，倉庫原料的發放要符合憑領料單發放、定時發放、正確計算以及內部原料調撥處理的要求。

㈠憑領料單發放

領料單是庫房發出原料的原始憑證。領料單上正確的記錄庫房發放給各廚房的原料數量，領料單有三大功用：控制領料量、控制庫存量及核算廚房餐飲成本。

1. 控制領料量：餐飲業的領料人員只能領取領料單上的原料及數量，且必須當面點清。
2. 控制庫存量：餐飲業庫存的進出記錄是計算帳上庫存額、避免庫存短缺的工具。
3. 核算廚房餐飲成本：領料單上記錄著廚房向庫房領取原料的價值，各廚房依據領料單計算餐飲成本。

㈡定時發放

每天的領料有一定的時間，讓庫房管理員有時間整理庫房，檢查原料的存放情況，除非有特殊情況，才可在其他時間領取。通常廚房預測流量計畫次日的生產量，於前一天將領料單送至倉庫，讓庫存管理員能提前準備，避免出錯。定時發料有利於庫存的保管，減少原料的丟失。

㈢正確計算

根據領料手續，做好原料的發放記錄和存貨卡記錄，原料發放完畢，管理人員必須計算每一領料單的價格，即時轉交給食品控制人員，確保庫中的原料與帳上符合，協助做好廚房成本控制的工作。

㈣內部原料調撥處理

飯店內設有許多餐廳，廚房與廚房之間的原料可以互相支援，爲了使廚房的成本計算準確，部門間的調撥原料要塡寫的調撥單一式四份，須送交原料調出部門和調入部門、財務部並交由倉庫記錄，讓各部門的用料情況做好詳細的記錄。

三、飲料的發放

飲料的領料單要有酒吧經理或餐廳經理的簽字。由於飲料容易遺失，所以對於飲料的發放控制尤其要求嚴格，不但要憑領料單領取飲料，有時還要求要退回空瓶。

由於餐廳經常以餐桌服務銷售整瓶飲料，整瓶飲料的空瓶不一定都能收回，爲了加強控制整瓶飲料的銷售，必須塡寫整瓶銷售單，領料時以此代替空瓶領料。

第六章　餐飲成本控制

餐飲經營的目的在於賺取合理的利潤，而提高利潤的最有效方法就是「開源節流」，也就是儘可能提高收入，同時將損耗減少到最低。餐飲成本的控制是整個餐飲生產管理過程中重要的一個環節，主要包括直接成本控制和間接成本的控制。有系統的控制成本可以讓管理者清楚的將職權劃分給下屬，並監督他們正確和獨立完成事件的能力。最重要的，餐飲業者可以經由控制的程序，迅速的瞭解市場的變化，改變餐廳內部作業，減少不必要的浪費。所以成本控制的好壞不但直接影響消費者的利益，而且更維繫著餐飲業者的生存。要控制餐飲成本，首先要瞭解餐飲成本的概念，其次是餐飲成本控制的範圍。

第一節　餐飲成本概論

　　要瞭解餐飲成本的概念，首先要清楚知道成本的概念，其次要瞭解餐飲成本的特性。

一、餐飲成本的概念

　　成本，廣義來說就是企業在生產或經營過程中的各項費用和支出，如固定資產折舊、原料消耗、燃料消耗等都是企業的成本。而餐飲成本是指在餐飲業中，生產各種餐飲類食品和提供消費者服務時，所有開銷和支出的費用。依照餐飲成本的性質可分為：餐飲固定成本（fixed costs）和餐飲變動成本（variable costs）。從餐飲成本管理的角度可分為：餐飲可控制成本（controllable costs）和餐飲不可控制成本（uncontrollable costs)、餐飲標準成本（stardard costs）和餐飲實際成本（actual costs）。

㈠以餐飲成本的性質來分

依餐飲成本的性質可分為餐飲固定成本和餐飲變動成本。

■ 餐飲固定成本

餐飲固定成本是指在餐飲一定的業務範圍內，其總額不會隨生產量或銷售量的增減而產生變動的成本。換句話說，即使產量為零時，也必須支付費用，如折舊費、維修費等。餐飲固定成本並非一成不變，當產量大到需要添置新增設備時，某些餐飲固定成本會隨生產量的增加而產生變化。

■ 餐飲變動成本

餐飲變動成本是指總額會隨生產量或銷售量的變化而按比例增減的成本。如食品原料成本、餐巾紙等費用。這類的產品會隨生產量的增加而變動，然而其單位產品的變動成本則保持不變。半變動成本則是總額會隨生產量或銷售量的變化而增減的成本，但是不完全按照比例變化，如餐具費、水電費等。

㈡以餐飲成本管理的角度來分

從餐飲成本管理的角度可分為：餐飲可控制成本和餐飲不可控制成本、餐飲標準成本和餐飲實際成本。

■ 餐飲可控制成本和餐飲不可控制成本

1. 餐飲可控制成本是指在短期內餐飲管理人員能夠改變或控制的成本，如食品和餐飲原料的變動成本，一般都屬於可控制成本。管理者可經由改變菜餚的分量、配置過

程加以控制成本。大部分的餐飲半變動成本也可控制。部分的餐飲固定成本，如出差費、廣告費等也屬於餐飲可控制成本。

2. 餐飲不可控制成本：是餐飲管理人員短期內無法改變或控制的成本，例如，折舊費、利息、維修費等。清楚劃分可控制和不可控制成本對餐飲業的經營績效有很大的幫助。

■ 餐飲標準成本和餐飲實際成本

餐飲標準成本是指正常的經營情況下，餐飲生產和服務所消耗的單位成本指標。為了控制成本，餐飲業通常會確定單位標準成本，例如，每道菜餚的成本，分攤到每位客人的平均標準成本、標準成本總額等。餐飲標準成本具有兩個功能：

1. 控制實際成本：餐飲標準成本可用來控制實際成本的消耗，將兩種成本相互比較，可計算出成本差異。

2. 決策制定的基礎：標準成本是餐飲成本經營計畫之基礎，用以制定決策。實際成本是餐飲經營過程中實際消耗的成本。

餐飲標準成本和餐飲實際成本之間的差額稱為餐飲成本差異，餐飲實際成本超過餐飲標準成本的差額稱為逆差，反之稱為順差。

二、餐飲成本的特性

餐飲成本可以根據餐飲業的性質分成生產成本、餐飲設備

成本和人力成本等三種。餐飲業成本的特性就在於生產成本、餐飲設備成本和人力成本三者之間緊密結合，連鎖性強，而且每一過程的時間都非常短暫，缺一不可。餐飲成本的特性在於有效的控制餐飲成本，避免不必要之浪費。所以餐飲成本的三個特性為避免食物浪費導致成本的增加、減少廚房與其他設備不良造成成本的增加，以及防止人員管理不當造成成本增加。

(一)避免食物浪費導致成本的增加

餐飲的食物，像是熱炒、冷盤、點心、水果，都會因為不同人的喜好不同，而有食物剩餘的情形發生，因此食物浪費的機會也相對增加。此外，在廚房烹飪的過程中，如果廚師對於量的掌握不當，就會造成浪費的現象。譬如當廚師對於食物量的控制比較無概念時，就會造成一些食物原料的浪費。在另一方面，出菜的制度管理不當，也會造成產品白白的浪費，有成本的支出，卻無收入的增加。譬如，服務員或廚師免費送菜給用餐的親朋好友，就造成了餐飲成本的流失。

(二)減少廚房與其他設備不良造成成本的增加

烹飪是靠廚師手藝的精巧、技藝的精湛，他必須能根據不同的食譜充分利用原料，才能做出既美味又節省成本的餐食。相反的，如果廚師技藝不精，經驗不足，就算是無意浪費材料，但在烹飪過程中的調味不當、分量控制不佳都會使餐飲成本在無意間增加。

餐飲設備的優良與高超的烹飪技術在生產過程中都是同等重要的。因為這些餐飲設備的質量與安置直接關係到食物生產的品質與員工的工作量和工作方式，這些又會影響到員工的工

作態度。設備的老化可能導致機器損失而造成意外發生，輕者如絞肉機絞出粗細不均的肉絲，冰箱、冷藏庫的溫度不穩定造成食物原料腐壞等；嚴重者可能導致人員受傷，後果不堪設想。所以餐飲設備的好壞會直接影響餐飲生產成本。

㈢防止人員管理不當造成成本增加

餐飲業之所以被稱爲是勞力密集的行業，主要是因爲餐飲的服務大部分都是由人來扮演，雖然大部分工業已經透過機器化和自動化來代替，但是在服務業中，機器永遠無法表達出人的親和力。所以員工的管理在餐飲業中愈來愈重要。

員工的管理方面，如獎金分配不平均、排班不理想、輪休不公平都會造成員工情緒的不穩定，而工作責任心不強、漫不經心、丟三落四，這些不當的表現都會直接影響到服務客人時的態度。

另外，員工的離職對餐飲業來說無疑是一大打擊。員工離職不僅是讓餐飲業者損失了員工在訓練時期所投資的大筆經費，還包括一些無形的成本，如帶走部分熟客。

第二節　　餐飲成本控制範圍

餐飲成本控制就是希望以有系統、科學的方法來減少餐飲成本，提高企業經濟效益。餐飲成本控制的方法有包括建立健全的採購制度、加強儲存保管制度、烹調的標準化、人事費用的管理和擴大銷售量等。因此，要建立一套完整的餐飲業的成本結構控制方法，可以從餐飲直接成本結構及餐飲間接成本結

構兩大類來分析。

一、餐飲直接成本的控制

所謂的餐飲直接成本，顧名思義，就是指餐飲成品中具體的材料費，包括食物成本和飲料成本。換句話說，就是餐飲業務中最主要的支出。餐飲產品從採購原料到銷售為止，每一過程都與成本有密不可分的關係，所以直接成本的控制方法大致可以從採購的控制、驗收的控制、儲存的控制、標準食譜的建立以及烹調過程的控制等五個方向著手。

㈠採購的控制

原料採購是餐飲業的第一生產管理要素，其目的在於以合理的價格，在適當的時間，以安全可靠的貨源，按照採購標準和預定數量採購所需要的各種食品原料。由於餐飲產品原料種類繁多，品質差異性大，因此採購對於降低餐飲產品的成本有很大的影響。採購人員必須具備豐富的知識和強烈的責任心，在採購過程中先建立採購標準、控制採購數量及爭取合理的採購價格。

■建立採購標準

廚師應當根據烹飪各種菜餚的實際要求，制定各類原料的採購標準，並要求採購人員在採買時遵守採購標準。這不僅可以保證餐飲食品的質量，也是採購餐飲材料最經濟、最科學的方法。

■嚴格控制採購數量

過多的採購原料必然導致過多儲存，而過多的儲存不僅佔

用資金，亦增加倉庫管理費用。過多的儲存也容易造成偷竊、原料變質等問題。因此根據實際的需要量、資金的現況、倉庫的條件、現有庫存量、原料的特性和市場供應狀況等因素訂定出一標準需求用量。

■ 合理的採購價格

食品採購人員在確保購買原料符合採購標準的前提下，應儘量爭取最低的價格。所以在購買時，至少應取得三家以上的供應價格，以利比較選擇。

(二)驗收的控制

驗收是指驗收人員檢驗購入商品的質量是否符合採購標準、數量是否準確無誤、價格與報價是否一致，同時還包括如何快速妥善的收藏處理各類原料。

(三)儲存的控制

原料的儲存對原料的品質和耗損都有十分密切的關係。如果保管不善，則品質下降，耗損增加，因而導致成本增加。為了保障庫存食品原料的質量，延長其使用期限，避免原料腐壞而導致成本增高，杜絕偷竊損失，所以儲存管理應著重人員控制、環境控制及日常管理控制三方面。

■ 人員控制

儲存的工作必須有專人負責驗收，並且要做到相互牽制。未經允許任何人不得進入庫存區。管理人員有權巡視儲藏區，庫房的鑰匙需要由專人保管，門鎖也需要定期更換。

■ 環境控制

不同原料應該有不同的儲存環境，各類商品也都要分類存

放,達到衛生防疫的要求,並且確實做到原料先進先出的原則。例如,乾貨、生鮮、蔬果就應當依照儲存規定之存放溫度和存放時間分別儲藏在冷藏庫或冷凍庫中,防止食品腐爛變質。此外,一般性原料和貴重原料也應當分別保存,防止偷竊。

■ 日常管理控制

原料儲存保管的工作平日要訂定明確的流程與表格。其基本內容須包括以下幾個方向:

1. 建立完整的原料出庫、入庫手續,做到準確無誤。
2. 各類原料都需要有其固定存放地方,以便快速領取。
3. 要規定合理的儲存定額,避免庫存物品的積壓,又要防止原料供不應求,影響餐飲的正常經營。
4. 各類原料入庫時應標明時間,並且按照先進先出的原則,調整原料位置,以保證食品原料的新鮮度,減少腐壞,增加成本。
5. 建立盤存制度,定時檢查乾貨庫、冷藏庫、冷凍庫中食品原料的剩餘量。

(四)標準食譜的建立

標準食譜是將食品製作的過程記錄下來,包括食品的成分或數量,以及整個詳細的製備過程、製成後的平均分量和適當的裝飾器皿等。標準食譜最大的好處在於不管任何人在何時何地,其做出來的食品都能保持一致的味道、外觀和價格。標準食譜的建立具有下列各項優點:

1. 減少食品製造加工過程中不必要的浪費。

2.建立標準化的食品製備過程。

3.生產過程不需監督，不必全靠老師傅的經驗。

4.員工需要的技能較少，相對的能降低人工成本。

5.標準食譜是菜單設計時的參考工具，因為標準食譜不但有明確的價格索引，還包括食物成品的顏色和口味。

標準食譜與餐飲成本的關係非常密切，因為食品的製作必須經過一系列的過程，如經由訂定食品生產計畫、訂定標準的用量和菜單的設計，則可以減少食物在製作過程中不必要的浪費。

■ 訂定食品生產計畫

廚師根據過去的業務量預測未來餐飲的需求量，並訂定每一天各餐菜餚的生產計畫，確定各種菜餚的數量和供應量，決定需要領用多少數量的原料。

■ 訂定標準的用量

訂定標準的用量是控制直接成本的關鍵之一。在菜餚的切割與配置的過程中，必須使用各種工具如天秤、量杯、量匙等，按照標準食譜中規定之分量加以稱量，將有助於控制餐飲食品的質量與數量，使其維持在要求的水準之上。例如，麥當勞的漢堡無論在紐約或台北，我們吃到的絕對是大同小異，口味一致，所以消費者對於麥當勞這個品牌便產生信賴感。

廚房對於各類菜餚的主料、配料及調味料的分量應制定規格表，以便員工遵照執行，以減少不同廚師烹調出不同味道的菜餚。

■ 菜單的設計

每道菜餚生產所需要的時間、原料、數量等都會反映在標

準單價上，所以設計菜單時要注意慎選使用貴重原料的種類和數量。

　　所謂標準單價就是每生產一道一人份菜餚所需使用食物的成本。換句話說，將食譜中所有成分的價格總和除以全部分量，即可得出每道菜餚的標準單價。

㈤烹調過程的控制

　　在烹調的過程中，可能因廚師的一時疏忽，或溫度、時間的控制不宜，抑或分量的計算錯誤，往往會造成食物的浪費而增加成本。因此應從烹調廚師的出菜速度、成菜溫度、製作數量、操作規範、剩餘食品等幾個方向加強監督。

1. 出菜速度、成菜溫度：餐廳管理者應經常督導餐食的出菜速度和菜餚的溫度，並且要阻止一切不合格的菜餚。
2. 製作數量：嚴格控制每次烹調的生產量，以保證菜餚的質量。
3. 操作規範：督導廚師嚴格按照操作規範工作，任何違反或影響菜餚質與量的做法都應當制止。
4. 剩餘食品：剩餘食品在經營中被視為一種浪費，造成餐飲成本的流失。

二、餐飲間接成本的控制

　　所謂餐飲間接成本，是指在餐飲操作過程中所運用的營業費用的控制（經常費）和人事費用的控制。經常費包括保險費、稅金、廣告費、裝潢折舊費、水電費和其他雜費等。而人

事費用則包括員工薪資、福利訓練和獎金等。

㈠餐飲營業費用的控制

餐飲營業費用包括餐飲業經營中所花費的一些雜項費用，如餐飲管理人員接待貴賓的花費、餐飲業為促銷而推動的活動費用、廣告宣傳費用。如果這些活動的成本不加以控制，都會造成餐飲成本的增加。因此，必須制定相關制度，確切做好記錄，以便加強管理。

此外，在水電費或雜費的控制上，餐飲業管理者應當訓練員工有節約能源的習慣，否則會造成許多物品和能源的浪費。如果員工不熟悉機器設備的操作使用方式，便會增加其維修的次數與費用，造成公司的負擔。所以養成員工的良好習慣，確實執行各單位物品的控制及嚴格的倉庫儲存管理，減少非必要的經費支出。總之要控制經常費用的支出應確定消耗標準、嚴格的預算控制、加強審核和分析制度及完善的責任分工制度等四個環節。

■ 確定消耗標準

消耗標準通常指的是水電費能源的消耗、差旅費、銷售費和餐具的消耗等。同時根據上一年度分析之實際消耗額，確定出今年消耗標準的基礎。

■ 嚴格的預算控制

餐飲業的費用開支必須編列預算，報請核准，不得隨意添置或選購。至於臨時性的費用支出，也必須提出申請，統一核准。

■ 加強審核和分析制度

餐飲業必須建立嚴格的審核制度，定期分析費用的開支情

況，以便掌握資金的運作情形。

■ 完善的責任分工制度

要控制各種費用，必須落實各種責任制度，做到工作分明，專人專責和團體相互合作。

㈡人事費用的控制

一個訓練不足的員工，工作熟練度不高，生產的效率自然也不高；相同的，一位疲堪不堪的員工，服務的品質也一定低落。這些都會影響人事經費的支出。有效的分配工作時間和工作量，適時的加以訓練，是控制人事成本的最佳方法。在餐飲業中，員工的人事成本已經變得愈來愈重要，由於組織工會、勞動基準法、社會保險和許多的員工福利的設立，保障了員工的工作，使得部分餐飲業的人事花費已經逐漸高出餐飲成本。人事成本包括薪資（包括加班費）、社會保險金、養老金和退休金、員工餐點費和其他福利。其中薪資成本的開銷最大，約佔營業總收入的兩至三成。因此要有效的控制人事成本，須建立明確的餐飲組織架構表和責任權責制度；掌握餐廳的營運情形，合理調配員工的排班；制定餐飲服務標準及餐飲標準工作量三個步驟著手。

■ 建立明確的餐飲組織架構表和責任權責制度

建立明確的餐飲組織架構表，可以讓員工清楚知道自己的工作範圍及所屬關係，同時也可以知道部門與部門間工作協調的關係。最重要的是，明確的餐飲組織架構表可以降低和控制人事成本的費用，不會造成人員浪費或隨意安排使用。建立責任權責制度的首要目的，就是要配合餐飲管理組織架構表，讓每位員工至每個部門的工作都能更具體化、責任化、規格化、

程序化和標準化，使得員工都明確知道自己的工作崗位。

■ 合理調配員工的排班

掌握餐廳的營運情形，合理調配及安排員工是控制人事成本，提高經濟效益的另一重要手段。

要掌握餐廳的營運情形，需要注意每天消費者就餐的高峰、低峰時間，以便合理安排服務人員，提供快速的餐飲服務。排班時必須注意每位員工的工作量及時數是否恰當，以免影響工作品質。

■ 制定餐飲服務標準及餐飲標準工作量

制定餐飲標準的服務流程，餐廳的服務生才能快速而有效的服務客人。無論是上菜、倒酒、換盤都要制定一定的步驟，而且這程序從管理者到領班到服務生都必須清楚。

標準工作量經由兩種方法訂定，一是依據每小時服務顧客的數量，另一是依據每小時服務的食物分量。這兩種方法都可以清楚算出服務人員的平均工作率，成爲實施獎勵制度的依據，以激勵員工的工作熱誠。

餐飲業的薪資結構與食物成本之間成反比的關係，當人事成本佔總成本的比率增加時，食物成本就會相對減少。所以當管理者評估發現薪資成本過高，不符合營運的效益時，除了重新檢討服務標準外，也可採取下列五個步驟：

1. 改進排班的結構，以符合實際需要。
2. 加強員工間的合作，以提高工作效能。
3. 機器化、電腦化，以減少人事開銷。
4. 工作簡單化。
5. 重新安排內外場設施和動線流程，以節省時間。

如果餐飲業的目標管理都能落實到每一位員工，讓每位員工知道自己的權責所在，同時配合標準工時的獎勵制度，就可以減少閒置、懶散的員工，減少人事成本的開銷。

第三節　餐飲食品成本計算

餐飲食品成本的計算是指將餐飲業在生產加工、烹飪食品時所消耗的各種原料的成本加以計算。餐飲食品成本的計算能及時幫助管理人員掌握餐飲成本的消耗額和實際的庫存量，防止成本的流失。餐飲食品成本的計算可分成餐飲原料成本計算、餐飲食品成本計算以及餐飲食品價格計算等三個部分。

一、餐飲原料成本計算

餐飲原料成本的計算重心是計算食品原料消耗的成本，通常分為主原料、配料和調味料三類，稱為餐飲食品的三要素。

㈠主料、配料成本之計算

主、配料是形成餐飲食品的主要原料，也是餐飲成本最主要的要素之一，所以要計算餐飲食品成本，必須先從主料、配料的計算做起。

餐飲食品的主、配料，一般要經過洗滌、宰殺、拆封等加工處理後，才能製成食品，沒有經過加工處理的稱為原料，而經過加工處理的稱為淨料。淨料成本是形成餐飲食品成本的主體，所以在算餐飲食品成本之前，應當先算出各種淨料的成本。

淨料成本的高低，直接影響食品成本的高低。影響淨料成本的因素有二：

1. 原料的價格、品質和加工處理的耗損程度。
2. 淨料率的高低，即加工處理後淨料與原料的比率。淨料率愈高，表示從原料中萃取的淨料愈多，成本就愈低。

淨料是餐飲食品的直接原料，其成本與餐飲成本有非常大的關係，所以淨料成本的高低影響著餐飲成本的起伏。根據加工和處理程度的不同，淨料成本可分為生食、半熟食、熟食三類。

1. 生食：生食就是只經過洗滌、切割、拆封的加工處理，並沒有任何烹飪、煮沸過程的淨料。
2. 半熟食：半熟食是經過初步的加工處理，還不能提供顧客食用的淨料。
3. 熟食：熟食是經過完整加工處理，如煮、滷、醃製等加工後的淨料。

㈡調味料成本之計算

調味料成本是餐飲成本的一部分，也是餐飲成本不可或缺的要素之一，因此要實際算出調味料成本才能有效控制餐飲成本。

調味料成本在餐飲成本中是一項非常不穩定的成本，因為不同廚師的烹飪技術會影響著調味料的用量。因此要控制調味料的成本就必須實施標準食譜，嚴格控制其標準用量，讓廚師熟悉各種調味品的價格與品質。餐飲食品的加工和生產基本上

可分為兩種：大量生產食品和個別生產食品。大量生產的食品如點心、糕點等，而個別生產的則為各種形式的菜餚。生產食品類型的不同，調味料計算的方式也不盡相同。

■ 個別生產食品

個別生產食品其調味料成本的計算，首先將各類型調味料的需求用量估計出來，分別算出其中的價格，最後加以彙總，即得出個別生產品的調味料成本。

■ 大量生產食品

大量生產食品所使用的調味料用量皆一致，所以計算此類食品調味料成本時有兩個步驟：

1. 第一步先估計出整個食品中各種調味料的總量及其成本。

2. 將調味料消耗總量除以產品的總量，即可得出平均調味料成本。其公式為：

$$平均調味料成本 = \frac{食品調味料消耗總量}{產品總量}$$

二、餐飲食品成本計算

餐飲業是集服務、銷售和生產於一身之行業。因此餐飲食品的成本可分為生產成本、銷售成本和服務成本三種。但是在實際的生產和銷售時，一般只將原料成本加以計算，因此原料成本即成為餐飲成本的要素。

餐飲食品成本的計算就是所有原料成本加總之和。所以要計算一個單位的食品成本時，只要將各消耗的原料成本相加，

就可以得到。餐飲食品成本的計算因大量生產食品和個別生產食品成本價格之不同，而有不同的計算方法。

㈠大量生產食品的成本計算

第一種計算方法適用於大量生產食品的成本計算，首先必須先求出一整批食品的總成本價，之後，再求出每一單位食品的平均成本。這種計算方法之所以適用於此是因為各單位食品在整批食品中的規格、分量和品質皆一致，所以要求單位成本時，只要將總成本求出再除以總數量，即可求得。大量生產食品成本的計算方式為：

$$單位食品成本 = \frac{消耗原料的總成本}{總數量}$$

消耗原料的總成本 ＝ 主料成本 ＋ 配料成本 ＋ 調味料成本

㈡個別生產食品的成本計算

此方法適用於個別生產食品成本的計算，其方法就是先算出每單位食品成本在生產過程中可能消耗的成本價格，隨後將之相加，即可得出食品成本的總量。個別生產食品成本的計算公式為：

單位食品成本 ＝ 單位食品消耗之主料成本 ＋ 單位食品消耗之配
料成本 ＋ 單位食品消耗之調味料成本

三、餐飲食品價格計算

　　餐飲產品價格的計算是餐飲業成本計算的一個重要部分，其中包括餐飲食品成本的計算和主配料、調味料成本的計算都應當融入其中。所以餐飲食品價格是包括生產到消費過程中所有的費用。如前面所述，餐飲產品的成本包括服務成本、生產成本、銷售成本，而餐飲食品價格包括利潤、稅金、經營費用和原料成本，其中只有原料成本的計算比較容易控制，所以視為餐飲食品價格的要素。

　　餐飲食品價格的公式為：

　　餐飲食品價格＝利潤＋稅金＋經營費用＋原料成本

第七章　餐飲服務的基本概念

餐飲服務所包含的範疇從客人進入餐廳開始即已衍生。從親切恭迎、就座到用餐服務，餐飲服務是一門專業深入的學科。承續前幾章以餐廳內部配備與作業流程做探討，往後我們將更加延伸以餐廳服務為出發點，說明一項完整的餐飲服務內容與流程。

餐廳（restaurant）是一個提供合宜舒適的用餐場合。「餐飲服務」不僅是所有餐廳必須具備的條件，更是餐廳營運時的主要訴求。無論是內部烹調師或是外場接待人員，在整個餐飲服務過程中皆與顧客有直接接觸與互動。因此，如果我們說前來消費的顧客是支持餐飲營運的主要動力，其執行餐飲作業的服務人員即是餐廳營運時不可或缺的要角。有形的服務設備與無形的熱情接待都是餐廳所具備的龐大資源，兩者間的互動與緊密配合牽繫著營運情況的良窳。本章先就「餐飲服務」的基本概念做引導，其次說明「餐飲服務」執行者（所有餐飲從業人員）所需具備的條件，帶您進入這一專業且十分有趣的實務領域。

第一節　餐飲服務的基本認識

服務（service）是看不見、摸不著、帶不走的。速食業巨人——麥當勞公司將服務品質的優劣作為第一經營哲學，嚴格執行「任何時刻、任何分店、任何服務人員提供給顧客的產品與服務品質都要相同」的作業理念。促使「提供高服務品質」成為經營成功的主要因素。本節將以「餐飲服務」為探討主題，分別就基本定義與執行範圍兩大部分詳加敘述。

一、餐飲服務的定義

「服務是一項活動或利益，由一方傳給另一方，提供無形的物權轉移」這是著名的行銷學家 P. Kotler 對「服務」一詞所下的定義。看起來似乎十分複雜、繁瑣，投射到餐飲服務狹義角度來說是「提供食物與飲料的動作與方式」。然而餐飲服務並非如此而已，廣義的餐飲服務不僅只是純熟的服務技巧，還必須包含餐廳所提供的各項內外設施，是有形設施與無形服務相互配合達成的。

由此可知「餐飲服務」是在服務人員友善、和藹可親的態度接待與經營者提供的各項便利設施下營造的用餐環境。一份完善的「餐飲服務」更是餐廳吸引客源最有力的行銷手法。

二、餐飲服務的範疇

每一位接觸客人的餐飲工作者皆是餐飲部門最有力的推銷員。所提供的膳食能否得到顧客的稱讚，專業的服務員將為重要關鍵。前者已說明廣義的餐飲服務除了飲食供應與接待態度外，還需包含各項餐飲場所裡的軟、硬體設施。以下我們就以廣義的餐飲服務為探討，說明餐飲服務的範疇必須包含的內容。

㈠軟體部分

服務品質的良窳與氣氛，有絕大部分是來自於服務員的熱心與態度。此外，來訪的賓客素質也將影響餐廳經營屬性與格

調。

1. 服務人員的專業技能與待客態度：如和善的對應、上菜時間準確性、結帳精確、迅速與否等。
2. 用餐顧客的類型與水準：如會員制顧客或家庭式聚餐團體為主要客源的經營方式。

㈡硬體部分

綜觀餐廳所有看得見的陳設，皆屬於硬體範疇的探討項目。由外至內部順序如下：

1. 餐廳設立的位址與鄰近情況：如停車位設置狀況、交通是否便利等。
2. 外觀景觀的陳設與氣氛：如附設庭園景觀、室外綠化步道等。
3. 餐廳內部的裝潢與配置：如裝潢氣氛、盥洗室配置位址等。
4. 服務設備的擺置與清潔：如餐具擺設是否得宜、餐巾、桌巾是否乾淨等。

諸多要素影響著餐廳的走向與風格，餐飲服務的繁複瑣碎可見一斑。不同類型的銷售層與從業人員特質定位出餐飲經營形態。透過硬體設備以及相關輔助器材鋪陳出用餐環境與訴求特性。完善的「餐飲服務」在軟體與硬體兩相配合下鋪成而出。

第二節　餐飲服務的特性

預約、迎賓、點菜、上菜、分菜到結算帳單。餐飲服務是由一連串的行為與即時環境構成，每個步驟的接待方式與情境皆具備以下的特性：

(一)無形性

餐飲服務是觸摸不到的，無法以具體實物描繪完成的。在顧客親臨餐廳享受美味佳餚後，以心理與生理的滿足感來評定服務品質優劣，這也就是「餐飲服務」形成的緣由。

顧客對於服務品質的好壞評價往往夾雜強烈的主觀意識與個人愛好，簡言之，只要達到客人本身要求即受評定為好的服務，反之則受評價較為劣質。因此，服務員必須接受專業而機動性強的服務訓練，因應不同類型的顧客，提供不同的服務，以滿足不同消費需求。

(二)不可儲存性

餐飲服務不同於其他產品的生產與銷貨，顧客必須親自到達餐飲場所才享受得到。更因為餐飲食物的時效性，當期賣不掉的產品容易腐敗，無法保存，所以也不能滯留到下回銷售。只要過了服務時間，餐飲服務即無法儲存等待使用。

(三)不可轉讓性

任何一種餐飲服務皆具備「不得轉讓」的特性。前來消費

的顧客無法藉由自己敍述的方式將餐飲服務轉讓給第三者瞭解或體驗。每次服務必須由顧客親自光臨才能享受得到，且僅以當時爲限。等再度光臨時，則因服務人員的不同或是時刻、餐飲的差異而呈現出另一種服務模式。所以，任何一次餐飲服務的生命週期是短暫而有限的，當用餐時間一過，服務對象將轉換，服務也將即刻結束。

㈣生產與銷售同步進行

餐飲產品在生產上的最大特點是接受顧客點菜的指示後，才確定出菜配置。當顧客指定菜單後，即確定消費型態與類別，同時廚房也依據菜單的內容開始整理、製作。如此銷售、生產、消費三個環節同時並行。也因爲餐飲工作環節的繁複，各項工作環環相扣，人員安排必須緊湊分明，分工清楚。除了外場熱情接待的氣氛營造，更需重視內場同仁的配置細節。

㈤差異性

即使在同樣的餐飲場所用餐，也可能因爲接觸對象、服務員或菜單的差異、光臨時間的不同，構成多樣的服務型態。造成「餐飲服務」差異化的因素如下：

1. 服務人員的差異：每位餐飲服務人員因年齡、性別、教育程度、性情好壞與家庭環境等方面不一，因而針對顧客所採取的對應方式與服務也不相同，如此產生餐飲服務的差異性。
2. 時空的變動：服務人員也會因不同的場合、時間、地點等問題影響，其服務方式與態度也不盡相同。

3. 消費族群的類型：餐飲服務所接觸到的顧客類型多樣，
   且個人水準與用餐習性不一，導致不同客人將會因相同
   性質的服務給予差異性的評價標準。

　　針對以上三項說明，經營成功的餐飲服務，其管理制度化、
規範化是必要的。事前的標準服務流程與方式說明將是員工服
務時最基本的參考依歸，同時也應重視員工專業服務訓練，將
服務品質提昇到一定的水準。才能因應不同顧客的喜好提供各
項服務以滿足不同需求。

第三節　餐飲服務人員的基本條件與態度

　　餐飲服務工作是團體性的，一連串專業而完善的工作流程
必須藉由各單位的相互配合才能成功。因此，一位優秀的「餐
飲服務人」不僅要誠懇地服務客人，也必須與內部同仁保持友
好、尊敬的關係，內外兼顧，在工作環境裡勝任愉快。本節以
「餐飲服務人員」為主軸，說明一位優秀而專業的餐飲服務人
員所需要具備的條件與態度。

一、餐飲服務人員應具備的條件

　　對於一位專業的服務員來說，好而舒適的服務應以誠懇的
態度將餐食或其他需求傳送給客人，並時常設身處地為顧客著
想，讓顧客享有賓至如歸的安適氣氛。因為工作性質與環境的
差異，餐飲服務人員不同於一般行政事務朝九晚五的工作時間

與內容，所以非專業人員未必能勝任。因應業務上的需求，專業的從業人員自身必須接受特殊訓練並擁有獨特的條件與態度。茲針對餐飲服務人員必須具備的條件說明如下：

■ 專業的技能與見聞

餐飲實務小至餐巾摺法，大到與顧客間的溝通，分門別類，不同學問都屬於個別專長。也只有具備各項工作技能與相關實務常識的人員，才能游刃有餘，愉快而圓滿的達成工作職責。

■ 健康的身體

從事任何職業都必須擁有健康的身體，尤其是任職於餐飲業更形重要。工作負荷量大，除了接觸不同類型的顧客外，往往八小時的工作時數，皆須站立或四處走動，相較於辦公室內的事務性工作，必耗費更多的精神與力氣。因此擁有健全的身心，對一位優秀的服務人員而言，是絕對必要的條件。

■ 友善的親和力

除了銷售餐廳提供的食物飲品外，餐飲業更需以服務賓客為優先考量。因此，專業的餐飲服務人員應有「以客為尊」、「客戶第一」的觀念。友善的服務態度與親和力是接觸客戶時所必須具備的條件，更可能成為拉近顧客與服務人員間友好關係的主因。

■ 整潔的儀表

服務員在執業時表現於外的形象不僅代表個人特質，更是代表餐廳給客人的印象。整齊清潔的服裝儀容，代表工作者的精神煥發與餐廳經營的專業制度。所以，餐飲業者不得不重視員工服裝的整齊與清潔。當然，員工本身更應注重這一項專業條件——擁有乾淨舒適的外表。

■ 流利的外語能力

國際化的交流頻繁不絕，「地球村」的概念也日益受到重視。國內餐飲業的服務對象已不再局限於本國人士，來自全球各地的商務旅客、國際人士四處可見。因此一位優秀的餐飲服務人員除了要能掌握社會脈動、因應市場變化之外，更應擁有一定程度的外語溝通能力，配合各類顧客需求與疑問，給予適當的回應與服務品質。

■ 個人情緒的掌控

人的情緒往往會因環境、他人、經濟狀況等外在因素產生不同變化。然而，身為餐飲服務者必須懂得控制與調節個人情緒狀況，對外始終以和善可親的態度服務顧客；對內則以相互尊重、團隊配合的工作態度與公司同仁愉快相處，建立個人良好的人際關係。

■ 活潑的肢體語言

肢體動作是一種無聲的溝通語言，但它卻可以劃破地緣；排除文化、政治、宗教相異的背景，而成為無國界的溝通語言。因此，若能在語言溝通外，適時運用肢體動作傳達相關訊息，不僅能將意思表達得更完善，也可能因為一個微笑、一種手部小動作、一場專業的桌邊服務，而拉近與顧客彼此間陌生的殊離，建立餐廳與顧客間的良好關係。

■ 專業的推銷能力

顧客點菜的動機，有些部分必須仰賴服務人員推銷菜單為引導。對於餐廳而言，每一位服務員即是經過公司訓練的推銷人員，必須全盤瞭解菜單上的餐食內容與種類特色，適度提供顧客於點餐時的參考資訊，儘可能根據喜好口味的不同，推薦專屬菜色。

二、餐飲服務人員的工作態度

對於服務人員而言，顧客永遠是對的、是需要被禮遇和尊重的。因此，友善服務每位客人是餐飲服務最基本的工作宗旨。茲就餐飲服務人員接待客人的態度與方法逐一陳述。

■ **敬業樂群**

「主動負責」在餐飲從業領域中是主管評定、考核優良服務人員資格裡最基本的項目。主動積極的解決客人任何困難與需求，高度發揮團體共識。餐飲服務的工作過程中不僅需考量個人服務態度的良窳，還應配合公司策略，和諧地與工作夥伴相處，才是敬業樂群的最佳表現。

■ **圓融溝通**

服務人員是餐廳第一線接觸顧客的單位，不同顧客伴隨而來的是不同的消費習性、飲食文化。對於任何疑問與需求，必須透過靈活熟稔的說話方式與技巧，提出獨到的見解，讓顧客信服，以促使服務工作進行得更爲順利。

■ **態度真誠**

對於任何服務項目餐飲服務人員都必須盡心盡力處理。儘管只是傾聽顧客的需求與建言而已，也應具備「好聽衆」的特質，耐心聽完顧客意思與重點，最好能適時主動詢問，深入切題的瞭解對方需求。平常服務時也須細心留意客人的任何舉動，只要見到顧客有需要服務或支援的動作時，即應主動上前服務，不必等客人叫喚或等候。培養自動、積極的服務態度是一位優秀服務員絕對的條件。

■ 尊重顧客

　　無論顧客的社會地位、穿著品味、舉止等條件，對於每一位蒞臨用餐的客人應提供相同的服務品質與態度，並記住每一位曾經來訪顧客的姓名、特殊需求、餐飲習慣，以反映對每一位顧客的尊重與重視，直接將「客人第一」的尊貴感表現出來。

第八章　餐廳服務事前準備

服務前的準備工作是餐飲服務的第一步驟，也是提供完善服務的先決要件。餐飲作業人員在服務客人前，必須預先完成餐具盤點、擺置、調味料的清點等準備工作，以避免服務過程遇及突發狀況而有措手不及、因應無助之感。因此，無論從事何種類型餐廳，事前的準備工作是必須確實去做的。本章針對事前的整備作業、菜單的製訂、餐巾摺法、餐桌擺設等四大餐廳事前準備工作做討論，逐一說明各項工作內容與要點。

第一節　餐廳整備作業

從用餐環境佈置、桌面清潔、餐具與餐巾的盤點到餐廳事前清潔工作皆為餐廳營業前整備的重點。整備工作的完善不僅能讓之後的餐飲服務流程更為順暢，亦說明了餐廳本身規模所具備的制度化。整體而言，事前的整備工作可分為用餐環境佈置、環境清潔、餐桌準備與座位安排等四大部分，分別陳述如下：

一、用餐環境佈置

無論所從事的是團體宴會或散客餐飲業務、在客人還未到餐廳用餐前，應先確定所有用餐區域的規劃。而後按照桌椅的陳設與配置，服務人員先將餐廳地面與鄰近環境打掃乾淨，按照規定更換餐巾，再依客人座位數擺放經常使用的調味品（如牛排醬、辣椒醬、黑糊椒粉等）、餐具（如牙籤罐、擺放帳單的插筒等），其餐桌佈置相關細節，在下列各點將有較詳細的

說明。

㈠餐桌

任何形態的餐廳，其餐桌與椅子一般都採行同一規格。就餐桌來說，餐桌高度以75公分高爲限，普遍分爲四方桌與圓形桌兩種，其大小、色澤、外型將依據每家餐廳的喜好與特色、餐飲屬性的不同而個別設計。

㈡座椅

椅子的高度則以45公分，長、寬各爲43公分較合宜。桌面與椅面的距離，原則上以保持30公分較佳。然而，現階段有許多經營散客的餐廳爲突出個別餐飲風格、吸引顧客的注意力與目光，其桌椅等設備的規格較不固定，依據經營者的喜好、顧客需求與餐廳屬性而配置出獨具一格的用餐環境與氣氛，如吧枱、高腳椅、鋼琴外觀的餐桌設計等。

㈢餐廳地面

餐廳地面最好也能有多元化的設計與配置。一般設席宴會會鋪置單一色彩或暖色調的地面；而經營散客餐廳則有較多樣的變化。如採用花樣繁複的圖案爲地板鋪面，甚至在地板下安設燈管、小型電視等跳脫傳統的突出風格。

㈣其他配置

除了桌椅外，餐廳還必須準備服務桌、旁桌、切割桌、接待枱、客房餐飲服務車等設備，尤其是據點式的服務桌，可放置客人經常使用的餐具（各種餐盤、杯子、調味料、菸灰缸

等），供服務人員拿取，而毋需來回於廚房，節省服務時間，提高工作效率。

二、環境清潔

　　餐廳的清潔工作應視爲事前準備的重點之一。儘管擁有現代化的配備與設計，清潔度不足或用餐環境髒污，同樣會引起顧客反感與不良印象。同樣的道理，設備雖非十分新穎、摩登，但服務人員卻天天確實地做好清潔的工作，依舊會受到客人的喜愛與屢次光臨的興趣，可見清潔對於餐廳經營來說是絕對需要重視的。服務人員每天的清潔工作主要含括餐飲場地設備與用品兩大部分：

㈠場地與設備方面

　　除了用餐環境外，餐廳其他公共場所配備與器材，皆屬於服務人員清潔的範疇。

　　1.清掃地板。
　　2.擦拭桌椅、服務枱、窗戶、鏡子等其他飾物等。
　　3.檢查桌椅是否損壞、破舊。
　　4.照料室內、外所展示的盆栽。
　　5.定期擦拭燈具。
　　6.定期檢查空調設備。
　　7.清點並補充盥洗室用品，如衛生紙、擦手紙等。

㈡用品方面

在用品清潔方面，提供顧客使用的消耗器材或折舊品，都屬服務人員必定清潔的項目。

1. 擦拭各種醬料瓶、胡椒鹽罐等調味品，並補充規定的數量。
2. 清洗菸灰缸、花瓶、擦拭菜單。
3. 檢查刀叉等餐具，擦拭污垢，維持乾淨。
4. 檢查餐盤是否破損，如有破損應當立即報廢。
5. 清洗並檢查杯子的清潔度，確保晶亮。

服務主管應明列表格，登錄每日、每週、每月等定期應例行工作的細目，詳列每位服務員工作職責，建立責任分工制。

三、餐桌準備

無論何種類型的餐廳，一般餐桌準備皆可分為餐桌座位擺置與桌巾鋪法二方面。

㈠餐桌擺置原則

一般而言，事前餐桌擺設主要依據每間餐廳用餐區域的大小與配置做規劃。必須留意的是，餐桌絕不可以擺設於門口附近。規劃時也應預留適當通道供客人與服務人員方便走動。

㈡桌巾鋪設原則

鋪設桌巾的目的除了美化餐桌外，更便於清潔工作。隨時

更換桌巾，保持桌面清爽、乾淨。

■ 一般桌巾鋪設

在桌巾鋪設前必須選擇合宜顏色與完整的桌巾，而後才能鋪於桌面。

1. 事前檢查：服務人員在鋪桌布時，應先檢查餐桌是否有損壞或不平的情況，然後再檢查桌布尺寸、大小、形狀、色澤是否褪去，摺浪是否有問題。
2. 鋪設方式：合宜的桌布攤開在桌面上、拉平，中間摺痕應置於桌面正中央，如遇桌布上有灼洞或不雅的污點應當立即更換。

■ 特殊鋪設情況

有時因應桌面大、小情況，必須採用多條桌巾或特殊材質桌巾，以下分述特殊鋪設時應注意的事項。

1. 若需兩條或兩條以上的桌布鋪設，其桌布的重疊部分不得面對客人入口處。
2. 不鋪設桌布的桌面，可以利用餐具墊替代。
3. 若必須使用枱布鋪設時，應先在桌面鋪一層毛氈或泡綿等軟性材質的桌墊，再鋪以枱布。鋪枱布時邊緣應下垂桌邊至少8～12吋，以免妨礙客人入席。為營造隆重氣氛或方便更換，有些餐廳會在枱布上以對角線方式，另行鋪上一條小桌布，有髒污時服務員只需清洗小桌布即可。

四、安排座位

座位的排列是擺設餐具的基準，以下歸類一般餐廳在座位安排時必須依循的基本要點。

1. 四方桌以每邊設置一個座位為限。
2. 圓桌座位安排，以十字交叉方式為之，在每兩桌腳中間設置一個位置。
3. 如果圓桌需要擺設五個座位，則需先選定一桌腳設一張椅子，讓客人夾桌腳而坐，至於其他四位則平均擺設即可。
4. 長方會議或宴會桌，座位安排間隔以53～76公分為限。

服務人員將座位安排好即可開始擺置餐具（餐具的擺法因中西餐飲的不同而有不同規則，在本章第四節有詳盡說明）。

第二節　菜單的製訂

一般餐廳皆無餐飲模型展示，且不可能由廚師親自為每一位顧客解說餐食內容，因此，菜單即成為各式販售菜餚的說明文宣，更是餐廳針對販售產品所設計的主要銷售利器。欣賞一份圖文並茂、包裝精美的菜單不僅能引起客人閱讀的興趣，更可能挑起顧客享受美食的欲望，而達到餐飲銷售目的。有鑑於此，現今一般餐飲業者對於菜單的製訂十分重視，有些甚至交由專業廣告公司特別設計。

第一份菜單出現在西元一五七一年法國貴族的婚宴上，詳細確實地記載了所有菜餚、膳食的名目。在早期歐洲，菜單只供王宮貴族饗宴客人時使用。直至十九世紀末，法國人才將菜單普級化，無論大小餐館開始利用菜單詳列出售的餐飲。之後，餐廳菜單慢慢擴展，傳至亞洲及世界各角落。

一、菜單的型式

因應供食方式的不同，一般來說目前菜單的型式主要可分為套餐式、單點式與混合式三類。

㈠套餐式菜單

套餐式菜單（table d'hote）又稱為定餐（set-menu）。乃是餐廳在顧客前來用餐前已將各類菜色搭配好，組合成套。只要客人進門，點選食用何種組合式的菜單即可，毋需分門別類，個別點用，減少客人點選餐食時多餘的考量。

套餐式菜單的特色為：

1. 菜色單調：菜餚供給是有限的，菜色可以從三道甚至到十多道組合而成，視餐廳經營的屬性與特色來規劃。
2. 價格固定：除非因菜色組合的不同而有些許的價格變異，否則此類菜單組合售價皆為一固定價格。
3. 作業一貫、易於準備：因為菜色固定，方便廚房部門採買與製作上的控制，所有菜餚可於某一定時間預先準備。因此，現階段許多大型團體（宴會、聚餐）供食為方便作業，多提供套餐式菜單讓客人點菜。

4.餐飲普及：此類型的菜單所提供的一般都是大眾化菜餚，減少客人點餐時對菜餚不熟悉的困擾。

㈡單點式菜單

單點式菜單（a la carte）餐廳在於菜單上分門別類的列出每樣菜色，提供多樣化的選擇。客人可根據喜好差異，點選每項菜餚。其特色為：

1. 菜色多樣：單點式菜單提供客人選擇喜愛的菜餚，因此菜單種類較套餐式菜單多樣化，客人有較大的選擇空間。
2. 個別價格：每一道菜餚均為個別訂價，實際整合後往往較套餐式菜單昂貴。
3. 事前作業難評估：由於每天客人喜好的程度不一，餐廳廚房較難預估單一菜餚的銷售數量，所以餐食採買與製作較套餐式菜單難控制。

單點式菜單運用的範圍一般以中、西餐廳與旅館客房餐飲服務為多，在特別促銷期，餐廳也會提供幾項招牌菜，或推出同一系列不同烹飪方式的促銷活動吸引客人注目。

㈢混合式菜單

混合式菜單（combination）融合套餐式菜單以及單點式菜單。某些菜餚是允許客人做任意選擇的，某些菜餚組合固定，客人不可任意挑選，而價格將因客人挑選的所有菜色組合來估算。

二、菜單製作原則

前面提及菜單是餐廳推銷的最佳工具。精緻的菜單更可代表一家餐廳的格調、層級與形象,直接影響客人用餐的情緒與點菜的意願。精美的菜單將提高餐廳銷售量,反之,一份不夠吸引消費者的菜單則會大幅降低銷售業績。所以,一份完善菜單的誕生,往往必須召集餐飲部經理、主廚、採購部門等相關單位詳加研究討論。

茲就一份完整菜單應具備的要點分述如下:

■ 有吸引力

從外觀的設計到餐食的多樣化,菜單必須引起客人點菜的意願與興趣。豐富而特殊的菜色變化,不僅提高客人閱讀的興趣,更將增加顧客消費的意願。因此,一份優良的菜單設計最好突出新穎,餐食必須擁有獨特性,以促使客人消費,增加餐廳營業利潤。

■ 清潔美觀

清潔美觀的外表將予人舒服自在的感覺。菜單外表的包裝在設計的考量上也應力求乾淨大方,採用容易清除污垢或不易沾黏污垢的材質。服務人員在每天清潔工作時,應注意菜單外表與內頁的潔淨,如有破損或遺漏應立即更換。

■ 易於閱讀

菜單是一種靜態的呈現方式,客人以視覺接受所有訊息,如能提供舒適的閱讀品質將有助顧客對於菜單餐食的接納度。為此,在編列菜單內文時應重視色彩的安排、字體大小、版面設定、遣詞用字等,製作出容易閱讀、明瞭的菜單,同時提高

客人點餐的速度。

■ 因應場合更改菜色

因應不同場合的需求，餐廳應設計出不同菜餚與特色的菜單，例如，特別針對婚慶喜宴、壽宴的菜單，而非一種菜單全盤採用，不僅無法滿足客人需求，亦會降低餐廳格調。以中國菜來說，許多菜餚自有特殊的意義，餐廳在菜單設計上應更加考量此點。

■ 符合時尚潮流

時代演進，餐食的內容與方式也跟隨改變，然而餐廳是一種必須隨時注意時尚趨勢，跟隨流行腳步的行業。經營餐飲業者須隨時觀察，敏銳的嗅覺與洞察，提供先進、前衛的飲食內容。

三、菜單內容設計應包含的項目

書面呈現的方式可以節省服務人員說明菜色內容的時間，因此製作出圖文並茂的菜單將是菜單後置工作重點。

■ 文字部分

菜單使用的字型應工整，且不宜過於小或模糊。編排時必須注意字間距離。為因應國際腳步，免除外國顧客閱讀的困擾，現階段，已有許多餐廳會以中英並列的方式編撰菜單內文。

■ 標示部分

菜單上的價格與名稱應標示清楚明確，以免發生顧客點錯的情況。所以在菜單印刷作業前須多加校稿核對，以防印製錯誤，造成服務作業的困擾。

■ **價格訂定**

　　菜單所訂定之各種菜餚、點心與飲料等定價不僅考量成本與利潤的收回問題，還必須注意所訂定的價格是否對顧客造成吸引力，增加同業間競爭力。

■ **大小型態**

　　菜單的大小與型式因餐廳屬性與特色有著迥異的類型。其形式也因經營型態不同而紛然雜陳。一般來說，使用單點式菜單的高級餐廳菜單尺寸較大，而小型速食店所採用的菜單尺寸則較小。至於，菜單型式設計由木板式菜單、扇形菜單、絲質菜單到利用餐具墊做成的菜單皆有，五花八門，種類分歧。

■ **版面編排**

　　透過精美專業的編排與設計，菜單所呈現的應該是舒適、多樣的宣傳刊物。除了文字的安排外，現階段有愈來愈多的餐廳在菜單裡穿插圖片與色彩豐富的照片，讓客人易於瞭解菜餚內容。彩色編排的效果更加提高客人點菜的興趣，在好奇心驅使下點選更多餐點與菜餚。

■ **餐點營養**

　　特殊單位如大型企業、公家機關、學校餐廳等業者，因以服務為主消費客源，所以在設計菜色時一部分會以餐點的營養與衛生作為考量。

　　近幾年來，因為「食品營養」概念的推廣，餐廳飲食文化也開始重視菜餚營養問題。多家餐廳已推出卡路里菜單，在菜單上明列營養成分與卡路里量。尤其以孩童或老人為主要消費族群的餐飲業者，更加注意食物的調配與餐食流行趨勢，針對特殊消費層的營養需求，設計專屬菜單。

第三節　餐巾摺法

餐巾又稱口布，清朝黃帝用膳時即使用質地考究，雕花精細，各式福祿壽喜等吉祥圖案的餐巾。餐巾最主要的目的是提供客人清潔擦拭使用，而摺疊優雅的餐巾更可美化餐桌，提供享受精緻美食的氣氛。基本的餐巾摺疊應注重簡單、高雅、大方與清潔衛生。服務人員在處理餐巾摺疊前應先洗手。摺疊後，則以手背在摺痕上壓過，促使摺痕更堅實與尖銳。現在就一般餐廳常用的餐巾摺疊方式，介紹給讀者。

■ 蓬帳型（如**圖**8-1）

　　1.將四方口布上下、左右各對摺一次，成小方形。

　　2.將小四方形對角摺成三角形。

　　3.按住三角形頂點，將底邊兩個角向內摺成一個蓬帳型即可。

■ 尖帽型（如**圖**8-2）

　　1.將方巾對角線摺疊成三角形。

　　2.把左右四分之三的部分向內摺，重疊成尖形。

　　3.將面前的一角摺下，後面另一角則向後方下摺拉平即可。

■ 僧帽型（如**圖**8-3）

　　1.先把方巾對摺成長方形。

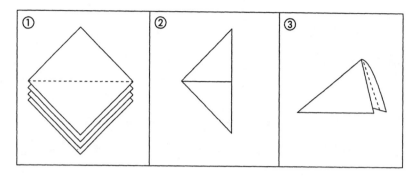

圖8-1　篷帳型

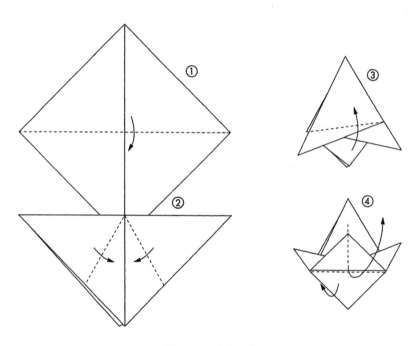

圖8-2　尖帽型

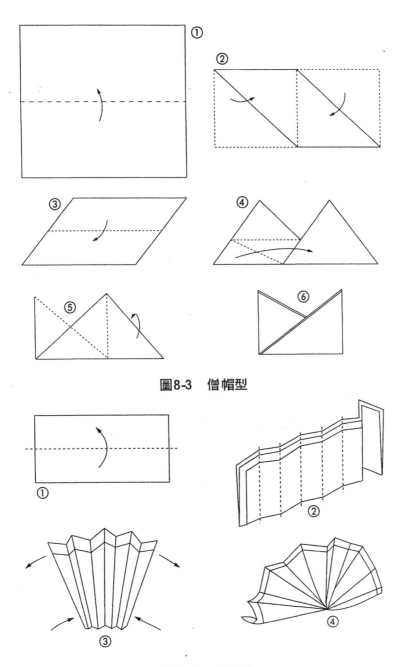

圖8-3　僧帽型

圖8-4　扇子型

2.再如圖將長方巾摺成菱形。

3.在菱形中痕摺成山形。

4.如圖將左下角摺壓在右上角上。

5.翻轉過來將右下角壓在左下角上。

6.將餐巾下方開口處平均分開成僧帽型。

■ **扇型**（如**圖**8-4）

1.將四方巾橫向對摺兩次成長方巾。

2.由左至右摺出「手風琴摺」（摺數的多寡依餐巾大小而定、小餐巾至少摺6摺；大餐巾可摺7～8摺）。

3.按住下方，將上方的扇形部分攤開。

4.將摺好的餐巾立在餐盤上即可。

■ **捲筒型**（如**圖**8-5）

1.使用較小型的餐巾，直接將餐巾捲成圓筒狀。

2.在中間對摺後置於杯中即可。

■ **風箏型**（如**圖**8-6）

1.將四方餐巾對摺成三角形。

2.取一角下摺，另一角對準正方角摺入，反面置盤中即可。

■ **主教帽型**（如**圖**8-7）

1.將四方餐巾摺成三角形，頂點向下。

2.將左右兩邊尖端摺向下頂點。

3.將上端下摺，其上下兩頂點距離約2～3公分。

4.把上面的三角形二分之一處向上翻摺。

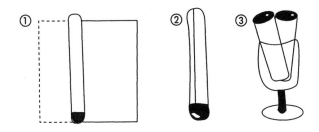

圖8-5　捲筒型

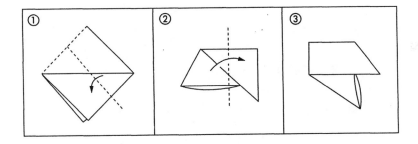

圖8-6　風箏型

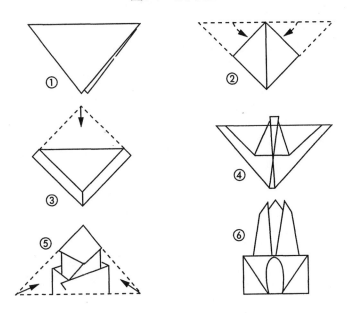

圖8-7　主教帽型

5.反面翻轉，左右兩個尖端重疊，並將一尖端插入另一尖端。

6.在反面翻轉，將之豎起，如一個主教帽型即可。

■ **古典蠟燭型**（如**圖8-8**）

1.將正方餐巾對角線摺成三角形，再將下部向上摺一小段。

2.然後捲成結實的柱形，底部紮緊即成，再放置於水杯中。

■ **魚尾型**（如**圖8-9**）

1.將方形餐巾對角線對摺成三角形，再摺兩次。

2.然後左右交叉摺成魚尾型即可。

■ **阿土谷特帶型**（如**圖8-10**）

1.將方形餐巾對角線對摺成三角形，頂點向上。

2.從三角形底邊向上摺疊四分之一，再摺疊四分之一。

3.把左下角與右下角向左上及右上交叉摺疊即可。

■ **帆船型**（如**圖8-11**）

1.將四方餐巾對摺兩次成四分之一長方形。

2.從左右兩端往中央下摺，將前面三角形部分摺出即可。

3.合併後放置於盤內豎起。

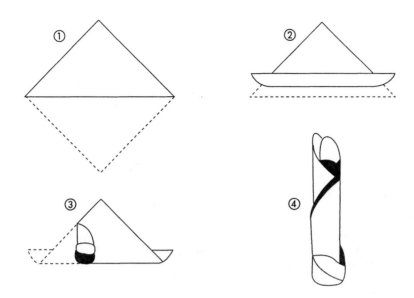

圖8-8　古典蠟燭型

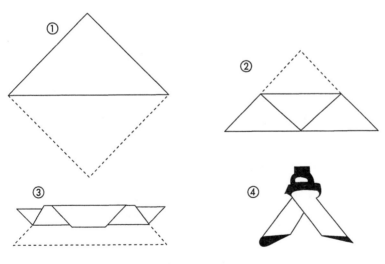

圖8-9　魚尾型

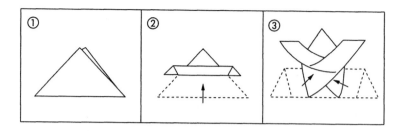

圖8-10　阿土谷特帶型

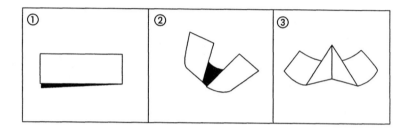

圖8-11　帆船型

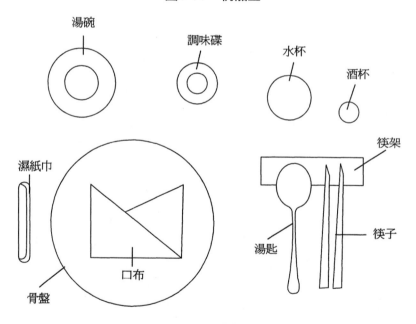

圖8-12　中式餐桌擺設

第四節　餐桌擺設

　　餐廳服務除了將用餐環境佈置得舒適合宜外，餐桌擺設也是提供完善服務的重點之一。近幾年來，多元化與強調獨特的餐廳如雨後春筍般開幕，儘管外觀設計、裝潢或經營風格上有所不同，但一般皆會依行傳統餐桌擺設方式。目前餐桌擺設可分中餐與西餐兩類。而西餐擺設又可區分為法式與美式二種主要方式，現在將各類餐桌擺設的特點與說明臚陳於後：

一、中餐餐桌擺設

　　中式餐飲的用餐器具大多是以銀器、陶瓷或象牙等材質製作而成。且常因訂席的菜色與價格不同而有不一的餐具擺設方式。儘管如此，高級中餐廳還是有基本的擺設規則，如遇食用特殊膳食的需要，必須再由服務人員添設。

㈠中式餐具擺法

　　依據中餐菜餚配置所需，其餐具擺設方式如下：（如圖8-12）

　　1.鋪枱布（table cloth）：一般來說，枱布的鋪設必須垂下桌緣8～12吋左右，所選擇的顏色以紅色系列為多，白色或其他粉色系列次之。

　　2.骨盤（spoan stand）：以陶瓷做成的骨盤，擺放在餐位

中央前方，標幟朝上，骨盤緣離桌緣約2公分，無論用餐人數的多寡，同桌的骨盤擺設間隔應相等。

3. 調味碟（relish dish）：位於骨盤右上方，與骨盤的距離約1公分寬。

4. 筷架（chopsticks rest）：擺放於骨盤右側，筷子與骨盤平行放置。

5. 湯匙（soup spoon）：放在筷架上，湯匙柄應垂直向客座。

6. 筷子（chopsticks）：筷子應套筷套，直架在筷架上，標幟朝上，筷套開口朝上，筷套底端離桌緣約1公分。

7. 小湯碗（soup）：小湯碗放於骨盤上方，調味碟左方，以提供客人喝取湯料使用。一般貴賓式服務的餐廳，因為有專門服務員服務，所以是不放湯碗的，只有上菜時服務員才將湯碗置於轉盤上，分完菜餚再行端給客人。

8. 口布（cloth napkin）：為佈置餐桌美觀，餐廳多會將餐巾摺疊成各種方式放在骨盤中央，標幟向客座。較大型的高級餐廳通常還會在骨盤左側擺放濕紙巾，供客人清潔用。

9. 菸灰缸（ashtray）：原則上每桌擺放三、四個菸灰缸，平均放於圓桌上，服務人員應視情況，若餐桌較大則可再增加一、二個。

10. 水杯（water cup）：通常放在筷子的正前方，視桌面的大小而定。

11. 酒杯（wine cup）：置於水杯右下方。

12. 桌號枱：擺在桌子中央，號碼朝向門口。

除了以上餐具外，由於顧客的用餐習慣，一般而言，中餐廳會爲每張餐桌準備一套沾料品，如醬油、醋、芥末醬、胡椒鹽、辣椒醬等，將所有沾料置於比醬油碟還大的碟子。甚至有一些講究的餐廳會用小壺裝載醬料，杯底墊上小底盤，置於旋轉盤上。

㈡擺設中式餐桌應注意的事項

除了各項餐具擺設方法有特殊要求外，於擺設前的檢查與使用上也有應注意的事宜。

1. 擺設於同一宴會時必須選配同一花色的餐具器皿。
2. 服務人員事前應詳細盤點、檢查所有器皿（尤以瓷器、玻璃物品）。對於破損或裂痕缺口的餐具須丟棄不得上桌。
3. 髒污的器皿與破損的枱布餐巾，絕對禁止使用。
4. 飯碗隨客人需要用托盤供應。
5. 在擺設餐桌前應分類檢查餐具，依順序放置於托盤或手推車內，不宜堆疊過高，應將托盤運至餐桌前擺置。
6. 餐桌的裝飾物應與餐桌的色系與風格相同，如不對襯或不諧調，則不予置放以免妨礙客人進餐。
7. 餐桌餐具擺放與桌椅安排完畢，其服務員必須檢視一次是否正確無漏，於營業前十五至二十分鐘，領班再次複檢，並報告今日宴會應注意的事項、流程、前日應改善檢討的事宜。

二、西餐餐桌擺設

西餐餐具的擺設主要可分為兩種派別，各為美式餐具擺法與法式餐具擺法。茲就此兩種擺設方式陳述之。

㈠美式餐桌擺設

如同中式餐具擺設的規定，西方美式餐桌擺設也有固定模式，如以下描述：（如圖8-13）

1. 餐桌鋪有薄毛毯或橡皮桌墊，以避免餐盤或餐具與桌面碰撞產生聲響，影響用餐氣氛。
2. 於桌墊或毛毯上應再加鋪大桌巾，一般而言桌巾鋪至桌緣下垂12吋左右為適當。目前有些餐廳為清洗作業便捷，在大桌巾上以對角方式另鋪一層小桌巾，用餐後清洗小桌巾即可。
3. 以每兩位客人為基準，擺設鹽罐、糖盅、胡椒瓶、菸灰缸各一組，以利顧客方便使用。
4. 前菜盤預先放置客人座位的中央位置，盤沿距桌邊以不超過1/4吋為原則擺設。
5. 口布應摺疊好擺置於座位左方。
6. 餐叉置於底盤左側，生菜叉則置於餐叉左側。二只叉齒皆朝上方，把柄與餐盤緣並齊。
7. 餐刀置於底盤右側，刀口朝向底盤。
8. 湯匙置於餐刀右側，匙面朝上。
9. 奶油碟須置於底盤左上方，奶油刀可置於上，平行擺置。

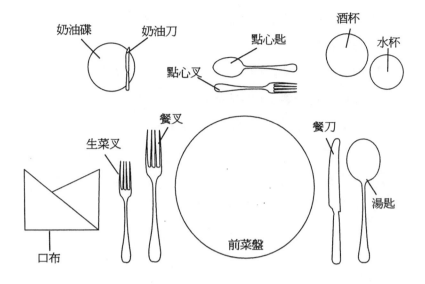

圖8-13　美式餐桌擺設

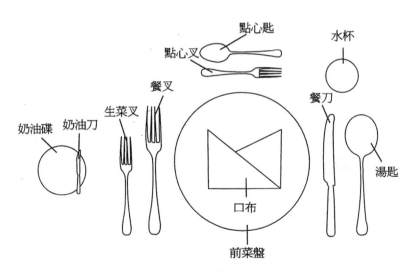

圖8-14　法式餐桌擺設

10.點心匙與點心叉必須放置於底盤上端，湯匙頭向左，餐叉齒向右。

11.水杯與酒杯皆置於餐刀刀尖右前方，所有杯口應朝下方擺置，待顧客上桌才將杯口翻上。

12.以客人點選菜單爲依據，除以上餐具外另行增加使用餐具。但即使客人不使用，也應將基本餐具置留於桌面。

13.客人每用完一道菜，應將所用過的餐具收回。於供應甜點前，先將餐桌其餘餐具收拾乾淨、清除桌面殘餘再上甜點。

㈡法式餐桌擺設

法式餐桌擺設與美式餐桌擺設大體上相同，唯有些許因餐食特殊而略有差異的排法。（如圖8-14）

1.前菜餐盤應置於每位客人餐桌中央，擺置距離桌邊1吋。

2.餐巾應摺疊好置於前菜盤上。

3.生菜叉與餐叉皆置於前菜盤左側，叉齒向上，把柄與餐盤緣並齊。

4.餐盤右側則放置一把刀口向左的餐刀，其刀柄末端應與餐盤平齊，餐刀右側再加放一支湯匙。

5.奶油碟則置於餐叉左側，並放置一把奶油刀。

6.前菜盤前橫放置點心叉與點心匙。

7.水杯放在餐刀尖前端。倘若必須使用其他酒杯則應依序朝水杯的右斜下方放置，所有杯口朝下，待客人上座才將杯口朝上擺置。

㈢擺設西式餐桌應注意的事項

因應不同菜餚的需求必須配合不同餐具使用。因此,服務人員須在顧客點選菜單後,選擇合宜的餐具擺設。無論是美式餐具排列法或是法式餐具排列方式,原則上西方餐桌的擺設都須符合以下原則。

■ 餐具擺設

1. 左叉右刀:「左叉右刀」是西餐擺設餐具時最基本的原則。凡是西式餐飲的服務人員應十分清楚,不可以搞混。其次,餐盤上方若需擺放餐具則爲點心叉和點心匙。
2. 以餐盤爲中心,兩側餐具最好不要超過三項爲基準。
3. 按照用餐順序排列:由於左右餐具使用方式是由外圍向內取用。至於上方的點心餐具則採由內向外的取用法,先行使用內側餐具再使用外側爲基準。因此,服務員在擺設餐具時應注意是否依顧客用餐取用順序排列。
4. 備用餐具的使用:「備用餐具」不應在事前擺設於餐桌上,等待顧客必須使用時才擺放於餐桌上。

■ 酒杯擺設

1. 不超過四個:服務員在擺設酒杯時應注意,不得擺放形狀相同、大小相同的盛酒器皿。且每次擺設數量以不超過四個爲原則。
2. 左大右小:酒杯以「左大右小」爲排列原則,最大的酒杯放置於左邊,其次依序最小的酒杯則置於最右邊。
3. 擺放位置:酒杯擺設儘量接近餐盤旁的大餐刀上方爲基

準。如果只有擺設一個酒杯則直接擺放於大餐刀上方，若必須使用其他酒杯，則服務員應視餐桌大小，以大餐刀上方為原則調整各類酒杯擺設的情況。

第九章　餐廳服務作業

第一節　餐廳服務方式的種類

　　由於文化與人文習性的差異，現階段在全世界不同國家或地區所採用的餐廳服務方式都略為不同。就以國內各大小餐廳的服務方式來說，所執行的餐飲服務流程都源自於早期歐美用餐情況。綜觀這些林林總總的服務方式，經由歸納、重新整理後，大致可分為美式服務（american　service）、法式服務（french service）、俄式服務（russian service）、中式服務、自助餐式服務、客房餐飲服務（room service）等六大種類。由於各類服務方式皆有其獨特流程與作業模式，本章一開始即先就各項服務加以說明，然後再依據中式餐桌服務與西式餐桌服務實務流程逐一陳述，完整介紹所有餐廳服務作業內容。

一、美式服務

　　此類種服務方式起源於美國，又稱為餐盤服務（plate service）。興起於十九世紀初，由於歐洲移民人口轉往美洲大陸，連帶將歐洲餐飲文化與方式引進，在當時許多大海港口邊設立歐洲人經營的餐館，雖然餐食供應方式不盡相同，演變至今卻自成一格，即所謂的美式餐食服務。

㈠美式服務特色

　　現在毋需遠渡重洋即可在本島享受到太平洋對岸的美食與用餐樂趣。綜觀愈來愈多異國風味餐的林立，不難發現——還是

以美式餐飲爲多。當然其中除了因爲國人接受度較高外，更有許多經營上的優勢，值得餐飲工作者大力投資於這方面的市場，以下就一一說明美式服務的特色。

■ 迅速確實

美式服務簡單明瞭，服務迅速，餐具成本低。

■ 成本低廉

因爲美式服務皆由一位服務員負責多張餐桌客人。因此人工成本相對降低反應於顧客，消費額自然低廉許多。

■ 陳設簡單

美式服務強調迅速、簡便，較不重視華貴優美的裝潢設計，室內陳設大方簡單，更因缺乏表演性服務所以無法爲顧客烘托出精緻高雅的用餐氣氛。

■ 服務普及

此類服務方式目前廣受一般西餐廳、牛排館、咖啡廳等業者使用。

㈡美式服務方式

美式服務是最簡單、便捷快速且成本低廉的服務方式。

■ 服務原則

由一名服務員管理數張餐桌客人餐飲情況與需求，完成所有客人每項就餐過程的服務工作。

■ 上菜順序

菜餚由廚師在廚房裡直接分置於盤中，再由服務人員用左手將托盤端進餐廳，並置於托盤架上服務客人。

■ 上菜方式

美式服務上菜時，應謹守以下各點：

1. 美式餐廳服務員每次服務以雙手各拿一盤為限。並按照食用餐食順序從前菜、湯類供應餐食。
2. 服務以反時鐘方向進行，服務人員由左手將膳食（如主菜、麵包、奶油等）送達於客人左側，而以右手將飲料（酒品、冰水、咖啡等）與點心由客人右側供應。

■ **餐具收拾**

服務員必須將所有用完的餐盤由客人右側收回。

■ **其他事項**

送菜完畢，再將帳單置於桌上（一般置於客人左側，靠近桌緣並且帳面朝下放）。

二、法式服務

又稱為hotel service，此種方式多在高級飯店或餐廳使用。西元十六世紀，嫁予法王的義大利公主，帶領一批廚藝精湛的廚師至法國，才將法國美食發揚光大，造就了今日法式餐廳，並受定義為精緻、高級的餐飲表徵。

法式餐飲服務一代延用一代，所使用的餐具以銀製品為主，利用旁桌或手推車加熱烹調，因此需要服務技術熟練、專業的人員擔任服務工作，以下分別就法式服務的特色與原則陳述之。

㈠法式服務特色

對於法國人而言，享用美食不僅是人生最大享受之一，更是情感交流的最佳時刻。因此，繁複而隆重的用餐儀式便成為

法式服務最大特色。

■ **豪華周到**

　　法式服務是一種最講究禮儀的豪華服務，注重表演，吸引客人的注意；服務周到，讓每一位客人都能感受到充分的照顧。

■ **節奏緩慢，浪費人力**

　　因爲講求周到的服務，所以在服務過程中進行的節奏較爲緩慢，且需要由兩位服務人員服務，大量耗費人力資源，減緩工作效率。

■ **費用高昂**

　　尊貴周到的服務，勢必提高顧客用餐費用，如此高昂的服務甚至非一般民衆平日所能負擔的消費。

■ **周轉率低**

　　因用餐過程繁複冗長，餐廳空間的利用率低，周轉率更可稱得上是所有服務方式中較爲低的。

■ **採用率低**

　　目前只有大飯店或某些具有特色的餐廳才使用此方式，至於一般餐飲業者則較不採用。

㈡法式服務方式

　　周到的法式服務，在服務過程中必須注意以下各點：

■ **服務原則**

　　必須由兩名服務員一組，共同爲一桌客人服務。其中一名爲經驗豐富的專業服務員（waiter，相當於師傅），另一名爲助理服務員（相當於服務實習者）。供給膳食時則各有各的職責，主要工作分職如下：

1. 專業服務員的主要任務：
   - 領班休假或正為其他客人服務時則應代替領班職責，引導客人入座。
   - 接受客人點餐。
   - 為客人斟酒、上飲料。
   - 在客人面前表演烹飪食物技術，並定量分配於餐盤上供客人享用。
   - 傳遞菜單、結帳收款。
2. 助理服務員（bus boy）的主要任務：
   - 將客人點選好的菜單送入廚房。
   - 將廚房準備好的餐食利用推車送至客人餐桌旁。
   - 把專業服務員分配好餐食的餐盤送置客人面前。
   - 收拾餐具。
   - 儘可能於餐食操作時協助專業服務員，促使供應過程更加順利。

■ 上菜順序

講究高雅服務的法式餐會，其上菜順序繁雜，似乎也成為主要特色之一。

1. 廚房將客人點選好的菜餚盛裝於精緻典雅的大銀盤裡，再由服務員將大銀盤放置於餐車上，推出至客人桌旁。
2. 服務員開始在客人面前進行各項食物的烹調處理，並視個人需要提供客人合宜的食物分量。最好確定分量後再行分置於每一位客人的銀盤中，以免過多的膳食分配，造成客人降低食慾與浪費食物。

■ 上菜方式

　　法式服務上菜原則如下：

1. 由助理服務員以右手端盤自客人右側送菜。
2. 麵包、奶油碟、沙拉碟或其他特殊盤碟應由客人左側供應，其餘食品一律從客人右側供應。
3. 倘若客人餐桌中央已無任何空位得以擺置菜餚，而右前方又被酒杯佔據，此時麵包、牛油與配菜只得放於左前方空位，由客人左側送至左前方位置就不會影響客人用餐秩序與情緒。
4. 服務員以右手斟酒或上飲料至客人右側處為之。

■ 餐具收拾

　　享用美食後，對於餐具收拾，法式服務也有自成一格的規定。

1. 用餐後，餐具的收拾應等待每一位在座客人皆食用完了才可開始收拾，並自每位客人右側進行。
2. 餐具收拾過程中服務員應動作熟練，切勿相互碰撞餐具發出刺耳的聲響，再者，刀叉、盤碟應分開來收拾，更應避免在客人面前出現堆疊餐具的情形。

■ 其他事項

1. 每次用餐應提供洗手盆，並附上毛巾供客人擦拭，以完成整個供餐服務。
2. 洗手盆底下應墊有以銀器或玻璃為主要材質的底盤，而且盆內除裝載乾淨清潔的水之外，更應放置一小片花瓣

或檸檬以除去腥味。

3.遇上必須由客人以手取食的菜餚，如龍蝦、水果等，服務員則應另行準備供給客人洗手盆，提供清潔手腕的服務。

三、俄式服務

俄式服務起源於俄國沙皇時代。其餐桌與餐具的擺法與法式服務完全相同，因此又被稱為修正的法式服務，但其服務原則與法式相比較卻有不同之處。

㈠俄式服務特色

與法式服務一樣訴求著隆重的餐飲文化，但卻免除法式服務的繁瑣，俄式服務主要有以下幾點特色。

■ **服務迅速**

俄式服務承襲法式服務優雅柔和的供食態度與氣氛，摒除法式服務的繁複冗長，所有服務工作均由一位服務人員單獨執行，服務效率迅速，餐廳空間的利用率也較高，節省人力，降低服務成本。

■ **氣氛高雅**

大量銀器能增添餐桌的氣氛，每一位客人皆可享受到個人化的服務。

■ **節省菜餚**

由於採行桌邊分菜方式，分配剩下的菜餚留置於銀盤中，端回廚房可再繼續使用，以免造成不必要的浪費。

■ 投資龐大

　　大量銀器的使用，對於餐具投資金額龐大，如果使用或保管不當將會影響餐廳的經濟效益。

■ 銀盤作業繁重

　　當客人分別點選各自的食物時，服務生必須從廚房端出各式各樣的大銀盤，增加服務人員額外的工作分量。

■ 廣為採用

　　俄式服務廣受歐美各國豪華、大型西餐宴會服務所採用。

㈡俄式服務方式

　　俄式服務較法式服務節省人力，且提高服務效率。

■ 服務原則

　　通常由一名服務員為一桌客人服務。

■ 上菜順序

　　雖然僅有一位服務員執行上菜服務，俄式餐食上菜原則與其他服務比較起來還是隆重許多。

1. 廚房出菜前，服務員先用右手由客人右側以順時針方向送上空盤子，但必須注意冷菜應上冷盤（即未加溫過的餐盤），熱菜應上加溫過的餐盤，以保持食物的溫度。
2. 廚房將烹調完成的菜餚使用大銀盤盛裝，服務員再將大銀盤端至客人餐桌旁。
3. 上桌前，服務員先以優雅的方式將大銀盤端給客人過目，讓客人有機會欣賞廚師的裝飾手藝，別出心裁的裝飾將更加刺激客人的食慾。

■ 上菜方式

俄式餐食上菜方式可分為以下幾點來執行：

1. 供食服務由服務員以左手端好大銀盤，利用右手操作湯匙或餐叉夾取菜餚，從客人左側將菜餚送至盤中。
2. 斟酒、飲料服務由客人右側進行。
3. 供食時，服務人員應注意菜餚分配的分量，應視每一位客人所需分量提供。銀盤中如有多餘的菜餚應直接送還給廚房。

■ 餐盤收拾

收拾餐具服務全由客人右側進行。

■ 其他事項

俄式服務的湯料提供可採用湯盤與湯杯兩種不同的餐具處理。使用空的熱湯盤擺置於前菜盤上，湯盤底部應墊一條小方巾。然後先將湯品盛裝於大銀碗或銀杯裡，端至客人桌旁時再將湯品分別盛入每一位客人的湯盤中。至於湯杯服務方式則如湯盤上菜法只是餐具使用上的不同而已。

四、中式服務

中式服務為中國傳統的中菜服務方式，與其他服務方式最大的相異之處在於菜色的烹煮與口味。現階段台灣一般中餐廳的顧客服務可分為二種：其一為合菜服務方式，其二為點菜式服務，以下就此兩項服務特點加以說明。

㈠中式服務特色

依據點餐方式的不同，合菜服務與點菜服務個別有其特色。

■ 合菜服務

點選餐廳已配置好的菜餚組合，合菜服務在大型宴會舉行時，廣受消費者歡迎。

1. 供食迅速：因合菜服務是由廚房先準備好組合式菜單材料料理，所以當客人點選合適的菜餚組合後，廚房即能減少配置時間而在短時間內烹調完成，加速供食流程。
2. 顧客自行分菜：服務員不必分菜，無怠慢之怨言，節省人力，客人在傳遞菜餚時很快的熱絡起來，有助於情感的聯絡。然而也可能因自行分菜，難免會掉落菜汁，以致弄髒餐桌。

■ 點菜服務

依照個人喜好點選菜餚，自主性強，毋需因應餐廳配套菜色的安配。此類服務已成為時下年輕人喜愛的點菜法。

1. 供食緩慢：由於點菜服務選用單點式菜單，故不僅顧客在點餐時必須一一點選所有菜餚，減緩整個餐飲服務流程。更因菜色繁多廚房較不易掌控當天菜色銷售量，經常為準備過多材料滯留或材料配置不夠大傷腦筋。
2. 讓顧客倍感尊貴：因為除了冷盤外，服務人員會為顧客將菜餚平均分配才上桌，因此有別於合菜服務之顧客自行分菜方式，也讓顧客較感尊貴。

㈡中式服務方式

中式服務將以合菜與點菜為主體，分別加以說明。

■ 服務原則

大型餐飲與小眾聚會也因不同點菜法而各有其適用方式。

1. 合菜服務：客人在餐廳用餐時，完全以餐廳預設好的菜餚為準則，不另行點菜。即是俗稱的「客飯」，如三菜一湯、六菜二湯等。這種方式多以針對旅行團或團體顧客點菜方便而設計的。
2. 點菜服務：與合菜服務最大的不同點在於所採用的是單點式菜單，此種方式主要用以散客或小型團體客人。

■ 上菜順序

因應菜色點選差異，中式餐飲上菜順序也分為兩類。

1. 合菜服務：
   - 待客人到齊後，服務人員將顧客所點選好的菜單組合告訴廚房，由廚房快速將菜餚烹飪完成。
   - 然後，再由服務人員以推車或托盤的方式將烹調好的菜餚一道道擺上圓桌中央，請客人自行取用。
   - 有些餐廳甚至將盛飯鍋都放置在餐桌上或餐桌旁，由客人依自己食用分量添取飯量。
2. 點菜服務
   - 通常服務客人的方式是菜餚經過點菜後，廚房完全按照客人點菜的菜單順序出菜。
   - 每一道菜，除冷盤外，幾乎均由服務員為客人服務分

菜，將菜餚平均分配到顧客的小餐盤，剩下菜餚再由顧客自行取用。

除了上菜順序不同外，合菜服務與點菜服務的上菜方式、餐具收拾與其他注意事項皆採用中式餐桌服務，於本章第二節中將詳細說明。

五、自助餐服務方式

自助餐服務是近年來餐飲發展的一種新的服務方式。此種服務方式是將廚房事先準備好的食物陳列於食品架上，客人進入餐廳後，便可自己動手選擇符合自己口味的菜點，然後到餐桌上用餐。這種用餐方式需要客人「自我服務」，故稱自助餐。

㈠自助餐服務特色

與前面所介紹的服務有極大差異點，自助餐點因為每道菜餚的點取皆由顧客自行動手完成，有絕對的自主性；餐廳在供食、陳設等軟體與硬體安排上也不大相同。

■ 不拘禮節、菜色多樣

自助餐服務是一種不受禮儀約束的用餐方式。顧客可以依所需菜餚的種類與分量點用，餐廳提供隨性聊天的開放式空間。加上所提供的菜餚無論中式或西式種類繁多，任君挑選，個人分量不限。也因此而成為近幾年來許多民眾聚會場所的最佳選擇。

■ 隨到隨吃、毋需等候

自助餐服務的菜餚是在顧客光臨前已準備妥當，顧客用餐

時毋需點餐、料理的過程，直接夾取喜愛的菜餚食用即可。不僅節省服務員點餐時間，顧客到餐廳後即可享用美食，節省用餐時間。

■ 節省人力資源

　　服務員毋需為每一位到訪顧客點餐，也不用到處走訪端送菜餚至每張餐桌，縮減餐廳人力方面的支出，相形於其他服務繁複的方式減少許多成本開支。

㈡自助餐服務方式

　　顧客自我服務的方式，伴隨著餐廳服務員工作的調整，其自助餐服務方式如下所示：

■ 服務原則

　　自助餐會的服務員主要任務是餐前佈置食品陳列枱與餐會中提供簡單的服務，例如，收拾餐具、餐盤、隨時補充不足的餐具與餐食等。

■ 上菜順序

　　主要是將所有餐食烹煮調理完成，於客人尚未進入餐廳時事先擺放於自助餐餐食供應桌上。

■ 上菜服務

　　自助餐上菜服務一般可分為兩種方式，其一為瑞典式的自助餐（buffet service），其二為簡速自助餐（caffteria service）。

　　1.瑞典式自助餐：

　　　・服務員工作：客人自行選取空盤，隨意挑選自己喜愛的口味，服務員僅協助食物切割、供應麵包、飲料與

甜點。湯料或前菜則事前已擺放在客人餐桌前。

- 環境佈置：此種餐會較重視菜餚本身應裝飾得雅觀。多加綴各類精緻的飾品，如燭台、水果雕刻、冰雕、花卉等，將宴會佈置成高雅、柔和的用餐氣氛。
- 採用場合：此型自助餐的供食方式，是目前一般飯店或大型宴會中經常採用的一種服務方式。
- 消費方式：顧客於用餐前或用餐後結帳。無論食用的分量，餐會費用以人數計價。

2.簡速型自助餐：

- 服務員工作：所有客人均自己挑取所喜歡的菜餚，只有熱食才由服務人員提供。
- 環境佈置：供應桌擺設較不講求佈置，以爽朗潔淨為原則，談不上高雅華麗的柔美氣氛。
- 採用場合：此方式的餐廳大部分屬於大眾供食的學校或機關團體的員工餐廳所使用。
- 消費方式：以點選餐食的種類與分量為消費標準。客人依序取食後，再到供餐桌末端出納處結帳，結帳完畢再自行尋覓座位進餐。

六、客房餐飲服務

觀光旅館住宿旅客，為求安逸舒適地享受一份美食，或基於某種原因不克前往餐廳用餐，客人皆會要求客房餐飲部將餐食或飲料送到房間，此類型的服務稱為「客房餐飲服務」。

㈠客房餐飲服務特色

由於用餐環境在客房而非一般餐廳等公共場合,因此,客房餐飲服務有別於其他餐飲、送餐、上菜等特質,主要服務特色可分三大項說明之。

■ 客房用餐

客房餐飲服務主要的特點在於用餐環境是住宿客房內,不僅增加旅客便利,更提供顧客一個毫無拘束、自由舒適的用餐空間。

■ 耗費人力資源

因為用餐場合的不同,必須由旅館客房部與餐飲部門相配合完成。無形之中增加服務人員的工作負擔。必要時還須設立專屬客房餐飲服務中心執行所有餐飲業務,增加人力資源,提高旅館成本。

■ 服務費

在房內點餐,因需由服務人員另行服務。因此,一般而言客房餐飲服務比客人直接至餐廳用餐的費用高,約高出原本餐食定價的20%,以作為額外服務消費。

㈡客房餐飲服務

目前我國旅館都是由房務部的值班人員擔任客房餐飲服務。每天服務項目最多的就是早餐服務,至於午餐、晚餐、飲料或酒類的服務則較少。但只要客人要求無論任何時間大型旅館都有此項服務,同時為了方便,現在我國的旅館每間客房內大多設有一個小型冰箱,服務員會在冰箱內放置一些啤酒與飲料提供客人自行取用。

由於客房餐飲各類餐食服務流程不盡相同，因此以餐食種類劃分，分別說明各類餐食服務流程。

■ **早餐服務流程**

1. 安排訂餐卡：小夜班的值班人員在做床時，會將一張旅館製訂完成的早餐訂餐卡放在客人床的枕頭上。客人回來後即可在訂餐卡上寫上自己的名字與預訂餐食，並把訂餐卡掛於門外的手把上，第二天清晨服務員會到每間房門口將早餐訂餐卡收集，直接送到客房餐飲服務枱。

2. 送餐點：客人用餐時間咖啡廳的廚房會依訂餐卡的內容烹調好，並由服務生送至各樓值班服務櫃枱。經值班服務員核對無誤後，才準備胡椒鹽瓶與其他用品放入托盤中連同帳單一起端至客人房門口，敲門後經客人同意後才開門將早餐端入。

3. 餐具收拾：客人用餐約一小時後，值班服務員再進入客房內，將客人吃過的殘盤與用具放在托盤內收出，將屬於房務部的刀叉、胡椒鹽瓶與咖啡杯匙留下，其他的殘盤放入服務枱內的菜梯或員工電梯，咖啡廳的服務生會自動將殘盤收回去。

4. 登記入帳：不論客人是否在床上或茶几用餐，服務員把早餐收好後，請客人在帳單上簽名，再將帳單交給客房餐飲服務出納組或直接交由大廳櫃枱之出納入帳。

■ **午餐與晚餐服務流程**

客人在房內使用中餐或晚餐的次數較少，但有時也會因為方便或其他因素在房內享受午餐與晚餐。兩種送餐的方式相同，以下陳述此類服務流程。

1. 點餐並準備菜餚：房客若在房內用餐，服務人員將餐食點好後，應交給客房餐飲服務中心並將菜單傳至廚房供廚師使用。這裡要特別說明的是客人若點取牛排類（beef steak）餐食時，服務人員必須在點餐時詢問客人所喜好的烹調程度，例如全熟（well-done）、中熟（medium）或三分熟（rare）等，以提供廚房烹調的參考依據。

2. 送餐具與前菜：若客人點用套餐，服務生在送餐食前應先將餐車佈置完善，並擺置客人所需使用的餐具，連同第一道菜餚湯料與麵包，送往客房。

3. 送主菜：遇上客人點選單品菜餚時，服務員可利用大托盤或餐車送餐食至房內，若點用套餐則改送主菜。此外，無論使用拖盤或餐車，服務人員都應附送餐巾及冰水，供客人餐後清潔使用。

4. 甜點：主菜用完應是點心與水果或冰淇淋，最後才是飲品咖啡或茶。

5. 餐具收拾：於最後一道餐食送完，一小時後服務人員即可至房內收拾餐車，將客房整理乾淨。

6. 結帳：客人用餐完畢時，服務人員必須拿兩聯式帳單讓客人核對所登錄的餐食是否有誤，應請客人在帳單上簽署姓名，然後送回客房餐飲中心，以便入帳。

■ 冰箱食品飲料的供應服務

　　為了住宿者的飲食便利性與增加客房部餐飲銷售的收入，現階段大部分的旅館皆在客房內附設一台小型冰箱，提供住宿客人隨意取用的服務。附設的冰箱以供應包裝完善的飲料或食

品爲主，如放置若干小瓶飲料、烈酒、非酒精飲料、礦泉水以及封裝完整的餅乾或甜點等點心類食品，任由住店旅客隨意拿取喜愛的食物，毋需額外點菜人員服務，可立即滿足口腹之慾。（如**表9-1**）

　　由於設置器材的不同，客房餐飲服務作業可分二種管理系統，茲分別簡述如下：

1. 傳統式登錄作業：由服務人員逐一到各個客房登錄當天冰箱餐飲的銷售狀況。
2. 電腦資訊管理系統：利用電腦資訊系統將客房內的消費直接傳送到住客帳單上的方式。

第二節　中餐餐桌服務

　　提供舒適合宜的用餐環境，是每一位餐飲服務人員應有的共識與觀念。藉由適切的服務讓客人擁有愉快的用餐經驗，在獲取好口碑的同時，無形中爲餐廳提供宣傳行銷的良機。無論合菜或點菜式的中式餐桌服務皆因與西式餐桌服務供食差異，以至於餐桌服務的作業流程也不盡相同。本節就直接從中餐餐桌接待服務說起，依序將點菜、上菜、結帳到送客等各項餐飲流程做詳細介紹。

一、接待

　　中國人注意禮節，即使在用餐前的接待流程服務態度也非

表9-1 客房冰箱飲料帳單

		No. 001688

飲料帳單
beverage voucher

房號　　　　　　　　　　　　　　　　日期
Room No.：　　　　　　　　　　　　Date:

(1)項目 ITEMS	(2)飲食數量 USED QTY	(3)金額 AMOUNT
可樂 COLA		
蘇打水 SODA WATER		
礦泉水 SPARKLING MINERAL WATER		
寶礦力水 POCARI SWEAT		
果汁 FRUIT JUICE		
蘋果汁 APPLE JUICE		
葡萄柚汁 GRAPEFRUIT JUICE		
台灣啤酒 TAIWAN BEER		
百威啤酒 BUDWEISER BEER		
海尼根啤酒 HEINEKEN BEER		
服務費 SERVICE CHARGE 10%		
總　計 TOTAL		

服　務　員
CHECKER _____

常重視。以下我們就將中式餐飲接待程序詳細陳述之。

1. 迎賓：接待是服務員與顧客面對面接觸的第一步驟，良好的歡迎應以和善微笑的態度招呼光臨的顧客。
2. 帶位、顧客就座：引導至合宜或事前客人已預訂的用餐座位，再請顧客入座。
3. 斟茶：為每位客人斟茶水（以「女男老幼」與「賓先後主」的服務方式進行），記住以茶杯的四分之三為標準、茶壺不得靠及杯緣，茶水不得傾倒於外。
4. 遞送餐巾：遞送餐巾，供客人擦拭。

二、點菜

中式餐桌的點菜流程分為遞送菜單及點餐二部分。

㈠遞送菜單

遞送菜單的方式與態度，不僅能讓賓客享受尊貴，更是成為良好餐飲服務的主要要素之一。

1. 服務方向：服務員以左手將菜單由客人的右側遞送，以右手替客人打開菜單，且採逆時鐘方向循序服務。
2. 服務順序：原則上每位客人皆給一份，如遇菜單份數不足時，應以女士優先發送，若無女性則以年長者為先。
3. 服務原則：當客人對於菜單或點菜有疑問時，服務員應熱心專業地為客人詳細敘述菜單內容，解答疑問，並在合宜時機為客人推薦餐廳促銷的菜餚。

㈡點餐

熟稔的點餐技巧除了節省供餐時間,促使餐飲流程順利外,專業的技術更令賓客尊重與佩服,進而提高餐廳聲譽。

1. 登載事項:在登錄客人所點選的菜餚時,應迅速確實,在三聯式的點菜單上記錄餐桌號碼、日期、客人人數與菜餚名稱、份數等,以作為膳食準備與建檔所需的參考資料。服務員在填寫點菜單時字跡應清晰工整,以便餐廳同仁與廚房師傅容易閱讀。
2. 傳送原則:待賓客點完所有菜餚後將點菜單第二聯撕下並送進廚房,提供廚師烹飪菜餚的依據。至於第一聯則供公司會計登錄結帳時的依據,第三聯則為存根聯。

三、上菜

服務人員待廚房烹調菜餚後即可上菜,送到顧客桌上。

㈠上菜前準備

上菜前,服務員應先擦拭必須使用的托盤,保持盤內乾淨與清潔,再將菜餚依序客人食用順序用托盤端送,送餐時必須特別留心菜餚擺設的美觀與供食溫度。

㈡托盤端取方式

至於端取托盤的方式是以四隻手指支撐盤底,利用拇指輕按盤緣,依據靈活無聲的原則將餐盤、碗筷等餐具送上桌。

㈢服務原則

中式餐飲上菜時也有嚴格的服務原則，餐飲服務人員必須小心謹慎。

1. 上菜方向：一般菜餚從客人左邊端上；飲料則剛好相反，服務員以右手從客人右方奉上。
2. 上菜順序：就先後次序而言，服務人員應事前觀察何者為主人，採「賓先主後」的原則，依序上菜服務。

㈣服務注意事項

除了餐前準備、上菜順序與方向有特別規定外，中餐在提供熱食與餐後清潔時也有應注意的事項。

1. 熱菜供應：遇上熱燙的菜餚上桌，應當提醒客人注意小心燙口，以免一口嚥下，導致食用時受傷的情況。
2. 清潔服務：在上菜完畢或服侍空暇時，服務人員應注意客人茶水的供給情況，並且隨時更換客人餐桌上的菸灰缸、餐巾、湯碗與餐盤。上每一道菜前，應先將客人面前的小餐盤更新，才為客人分菜，如此就是所謂的貴賓服務。

四、結帳

帳單必須於最後一道菜餚供給後精確結算清楚。絕佳的帳單遞送技巧是不會讓賓客心生反感、討厭，感覺服務員有催促

儘早離席的自然反應。因此,技巧性的遞送過程是每位餐廳服務員所必須具備的專長。一般而言,中式餐桌服務的習慣都等客人決定結帳時,服務人員才遞送帳單。茲針對遞送帳單和結帳時注意事項加以分述如下:

㈠遞送帳單原則

中式餐飲服務於最後遞送帳單時須依循以下要點:

1. 遞送帳單時服務員應事前徵求客人是否繼續點餐或其他需求後,再呈遞帳單。
2. 帳單必須面朝下放於精美的小盤碟,從客人左邊遞上。
3. 服務員必須分明付帳者為何人,置於付帳者的左側;若無法明辨出何賓客為付帳人的話,應將帳單至於餐桌正中央。
4. 若服務的客人為男女二位賓客,除非兩人各自點菜,原則上帳單以呈遞給男士為主。
5. 遞送時應保持距離,待客人準備好金額後再上前收取,並將金額仔細複點一次。

㈡結帳作業原則

經營餐飲業重要的無非是在提供服務後獲取一份合理的酬償。因此,在處理結帳事務時必須謹慎小心,最好能訂定一完整的作業流程,提供服務員作為依據。

1. 熟稔付款作業:服務員於事前應明瞭各種付帳方式的差異,包含現金、信用卡、簽帳、支票、欠單等的作業流

程與順序。避免手續不順暢而影響結帳作業時間。

2.帳單禮貌：凡塗改或有污漬的帳單絕不可傳遞給客人。

3.避免逃漏帳：帳單未清算者千萬要提防賓客行蹤，以免造成逃漏帳的情況發生。

4.付現須立即開發票：付現時必須將帳單與現金一併交由出納點收，並開具統一發票連同零錢一起交還給客人。

5.儘量避免收取支票：顧及期限對換的考量，若非可靠的熟客或經證實身分的可靠者，基本付款原則拒絕使用支票。

6.詳列服務費：現階段餐廳服務費是按顧客消費額度的10％為原則收取，並在帳單內明列服務費額度以免顧客混淆不清。餐廳出納人員在結算消費金額時必須謹慎小心，每筆登錄的款項代表著餐廳精算後的數字，如有任何錯誤皆須負擔起誤算的責任，出納人員有責任將計算時可能發生的誤差減至最小。

7.外幣付款應索取顧客資料：若客人支付外幣，則必須以當時的外幣差價折算之，並使用換水單。填妥之後，請顧客簽名並且註明護照號碼，以方便事後的查詢與登錄作業。

五、送客

餐後恭送是誘導顧客再次光臨餐廳用餐的主要因素之一。餐飲服務人員在執行中式餐飲的送客作業中所應注意的事項有以下幾點：

1. 專業服務員在視察客人即將起身離座時，應馬上為客人拉座。並於歡送途中適切的詢問客人餐飲過程的滿意度、菜餚口味、服務態度等服務作業相關流程。

2. 若餐廳人手不足則可請門口的領位員擔任顧客恭送職務。

3. 將客人送至門口，並熱情歡迎賓客下次再度光臨。

第三節　西餐餐桌服務

無論是托盤服務或桌邊烹調，其服務流程皆須採用一套制度化模式。從接待到點菜、從上菜到結帳每個細節都是西式餐飲服務裡重要的小螺絲釘，嚴謹小心不得放鬆或輕視。本節中就以各項西式餐飲流程為主題，說明服務流程與注意事項。

一、接待

如同中式餐飲服務一般，西式餐飲服務也需要由接待做起，提供一份完整的服務過程。

1. 迎賓：顧客進入店裡後服務員必須趨前迎接，並為顧客拉出椅子引導入座。

2. 確定人數：以和藹親切的方式向就座的客人打招呼，並詢問是否還有其他賓客的到來，當確定了賓客人數後再將餐桌上多餘座位的餐具收回。

3. 斟水：從就座的賓客的右側斟倒四分之三杯白開水。必

須注意整個西式用餐過程中，從頭到尾皆需維持供應充沛的冰水服務。

二、點菜

西式餐飲從遞送菜單到點菜其流程如下：

㈠遞送菜單

不僅是上菜時要注意順序與方向，就連菜單的遞送也必須重視其方向與順序等規定。

■ **服務方向**

服務員準備好足夠分量的菜單（包含飲料與餐食菜單），從顧客左側服務，依次遞送菜單。

■ **服務順序**

因賓客身分不同故遞送菜單順序也不盡相同，敘述如下：

1. 基本上以長輩為優先遞送，其次為在座女士，最後才是與會所有人。

2. 在詢問客人點菜項目的同時，隨時提供給不同客人點選餐點的意見，藉由推薦產生銷售額。

㈡點餐

快速而確實的點餐技巧將有助於供餐作業的順暢。

1. 特殊登載事項：除餐點外必須在點菜單上記錄顧客人數、用餐時間、桌次，並以較小字體在餐食欄旁邊詳列

出賓客特殊要求，如烹調熟度、特別佐料的搭配等，提供詳實的資料給廚房作爲烹飪上的依據。

2. 點餐技巧：爲節省點菜速度，便利作業，最好能爲所有餐廳供應的餐食與飲料編列代碼，點菜時直接登錄號碼即可，毋需因填寫菜名而浪費時間。

3. 確認內容：顧客點選完餐點後爲求正確性，服務員應複誦點選內容。

三、上菜

㈠服務原則

西式餐飲文化基本上除前一節各式菜餚上菜方式分別規定外，其他上菜服務的原則大致相同，茲詳述如後。

■ 上菜順序

以「女士優先、尊者優先」爲基本服務順序。

■ 上菜方向

1. 若遇特殊座位不方便原本的服務作業方式，則以方便爲原則端送餐點與清除餐具，如靠近走道的右邊者服務員可以右手服務；反之亦然，走道左側以左手服務。

2. 在遞送餐食的過程中，爲尊重客人，切忌由客人前方或面前越過，且最好不要由顧客正面供餐，以免造成意外。因此，端盤服務賓客必須隨時注意、小心，手部操作儘量遠離客人（尤其是滾燙中的菜餚）以免發生傾倒的危險事宜。

3. 其他特殊上菜方向：由於西式餐具的特殊擺置，除了一般上菜、收盤服務外，尚須注意以下細節，讓整個餐飲服務達到完美。

 • 擺置顧客右側方的水杯，必須以右手斟水。

 • 團體客人麵包籃的供應，應將麵包籃置於餐桌中央供所有人取用。

 • 供應與撤除顧客左側的奶油碟必須以左手服務。

 • 甜點在供給前，除水杯外必須先撤除餐桌上所有的餐具，並大致清除殘渣、麵包屑後，才盛端甜點放置客人右側。

(二)服務注意事項

要求完美的西式餐飲為達服務過程盡善盡美，最好的作業流程須重視以下細節，以期賓客體驗到專業的服務水準。

1. 餐盤使用：

 • 為保持菜餚的新鮮度，必要時可在盛裝碗盤下墊一餐盤放置冰塊。

 • 所有熱食菜餚以熱餐盤供應；微涼的菜餚以冷盤供應，且餐盤離桌緣1吋為恰當。

2. 餐具收拾：當顧客將餐具置於餐盤上時，服務員應開始為客人撤除餐具，並連同所使用的餐具一併收回。

3. 清潔服務：若客人需要食用直接以手拿取的食物時，在端送餐點之餘也需提供洗手盅（容器內盛裝三分之一的溫水）與小手巾供客人清潔之用。

4. 杯盤擺置方式：最後咖啡與茶的提供，須在熱飲杯盤下

加墊一小碟盤，杯耳與小湯匙呈四點鐘方向擺放。同甜點一起上時，飲料必須放置桌上右邊；若所有餐具已清除，飲料必須放於餐桌正中央，咖啡附加奶精或奶油；茶點附加糖包，讓顧客自行調理喜好的飲用口味。

四、結帳

結清消費額度不僅是服務最後一項，更成為完滿服務關鍵之一。有鑑於此，茲將西式餐飲結帳時應注意事項說明之。

1. 結算金額：如同中式餐飲流程的最後步驟，當服務員意識到賓客已食用完餐點，有意願離席時，應先通知餐廳的出納部門結算賓客的消費金額與服務費總額。
2. 遞送帳單：
   - 由服務員驅前禮貌性的詢問客人是否有意願再次點餐，待確定後再將帳單面朝下。
   - 以左手遞送為原則，將帳單放於餐桌上或主人左側。

第十章　宴會作業

「宴會作業」是一項專業的餐飲服務學問，由於所服務的對象以事前預約的大型團體顧客為主，一般較不接受個人銷售或臨時預約者。餐飲業者為求能提供完善的餐食與流暢的服務水準，宴席前客人必須與餐廳做好協調與確認。諸如客人席次的安排、場地位址、佈置、宴請桌數、合約訂定、菜單內容與餐桌擺設等相關事宜。而餐廳本身自掌管業務執行後，也必須依客人的要求，妥善安排一場宴會所需的事前準備工作。

有鑑於宴會作業的特殊與繁複，茲於本章詳細解說一場完善宴會的始末情況，如宴會種類、前置作業流程、中西式宴會服務方式與事後追蹤調查等，都將個別探討、介紹。

第一節　宴會的種類

宴會的種類將會因舉辦的時間、宴請客源屬性、餐食目的等多方因素的不同而有作業上的差異與特性。以下先針對各種不同的宴會餐飲如早餐會（breakfast meeting）、午宴、晚宴（dinner）、國宴（state banquet）、宵夜型宴會（supper）、茶會（tea party）、酒會（cocktail party）、園遊會（garden party）、自助餐會（buffet）等做說明。

㈠早餐會

顧名思義，在早晨所舉辦的會議稱為早餐會，其舉辦時間與會議特性如下：

■ 舉辦時間

此種宴會皆在早晨舉辦，舉行的時間為上午八時至上午九

時之間。

■ **宴會特性**

一般早晨舉辦的會議以商務性質為多，藉以溝通當日活動
的重點。

1. 業務性聚餐：主要多為機關單位主管為檢討或發佈公司
   策略為目的的早餐會。
2. 資訊傳達、情感交流：藉由每日業務執行前餐會，可相
   互溝通一天或最近應注意的事項；更得以提供同儕間情
   感交流的機會。

㈡午宴

在中午時間舉辦的餐會，廣義稱之為午宴，舉辦時間與特
性如下：

■ **舉辦時間**

舉行餐宴的時間較早餐會時間晚，約為中午十二時到下午
二時之間。

■ **宴會特性**

午宴舉辦的特性，有下列幾點：

1. 業務性聚餐：如同早餐會一般，以業務性質的聚餐為
   多。
2. 時間短促：午間休息用餐，舉辦時間不宜過長，以免擔
   誤到下午作業進度。
3. 餐食簡單：時間的考量，一般午間宴會多以商業午餐或
   快餐的樣式為主，簡便大方，不僅能滿足食慾亦能節省

供餐的時間。

㈢晚宴

　　爲了配合時間，晚宴是舉辦最多的宴會類型，茲說明一般晚宴舉辦的時間與特性：

■ **舉辦時間**

　　通常晚宴舉行的時間都在下午六時以後。

■ **宴會特性**

　　晚宴舉辦時的特性與要點如下：

1. 時間較彈性：因爲是在結束一天工作後所舉辦的餐宴，相對於早餐時間的不足與中午時間的迫切簡便，晚宴都較早上與中午舉辦的餐會時間來得長。
2. 氣氛輕鬆：因爲結束完整天的工作，所以晚間用餐的氣氛總是較爲輕鬆愉快的。
3. 服裝要求：若爲較正式的晚宴，與會來賓爲求愼重皆會身著晚禮服赴約。
4. 餐後安排活動：因爲時間的彈性，通常在餐會結束後，主辦人常會舉辦一些餘興節目（如舞會、音樂會等），並共邀賓客參與，增添用餐氣氛的同時也讓與會來賓留下美好的餐會印象與經驗。

㈣國宴

　　以國家名義召開的宴會通稱國宴。其舉辦的時間與特性如下：

■ 舉辦時間

一般選擇在晚間舉辦居多，但也有在晨間或午間舉辦的情況，必須依據主辦單位的設計或餐宴性質而定。

■ 宴會特性

國宴舉辦的特性如下：

1. 與會身分特殊：由字面上的意思即知「國宴」乃是以國家為單位的宴會，宴請者往往是代表一國的重要官員，至於受邀者即為邦交友好的他國政要。

2. 重視氣氛營造：為款待他國元首所辦的宴會，國宴隆重之處不在話下，一般於餐會中常有樂隊在旁伴奏，增加用餐氣氛。

3. 餐後安排活動：如同晚宴一樣，國宴主辦人也會於餐宴後設計出各類型與樣式的娛樂節目，促使餐宴更為圓滿、更富活潑性與意義性。

㈤宵夜型宴會

宵夜型宴會對於國人而言似乎較為陌生，但有機會參加外國友人所舉辦的宴會時，在宵夜時段舉辦的餐會則隨時可見。以下茲將宵夜型餐會舉辦的時間與特性分述如下：

■ 舉辦時間

凡在晚餐時間過後舉行的正式餐宴皆稱為「宵夜」型宴會。

■ 宴會特性

宵夜型宴會的特性有：

1. 隆重正式：常於晚宴音樂會或歌劇等娛樂節目後所舉辦的餐會，一般歐美國家所舉辦的宵夜宴會比晚宴更加隆重，舉辦的主要目的為促進與會者間的情感交流。
2. 餐食多樣化：較特殊的一點是一般宵夜型宴會所準備的菜餚豐富多樣，與我國簡便式的宵夜有極大差異。

㈥茶會

茶會屬於非正式宴會的一種，招待與會來賓往往只是小點心、小餅干之類的甜點。此外，因應舉辦時間的不同還分為早茶與午茶兩類。以下就針對此兩種茶宴的特性說明之。

■ 舉辦時間

所舉辦的時間較不固定，主要可分為早茶與午茶兩種，早茶安排在上午十一時至下午一時之間；午茶則在下午四時舉行為多。

■ 宴會特性

茶會的特性如下：

1. 點心類餐食：茶會的餐點不同先前介紹的豐富多樣，一般只提供點心甜點、茶、咖啡等餐飲。
2. 氣氛輕鬆：因非正式的用餐時間，一般茶會多採輕鬆聚會的方式，與會者可以藉此相互交流溝通，認識彼此。

㈦酒會

酒會舉辦的時間與特性臚陳於下：

■ **舉辦時間**

所舉辦的時間介於下午四時到八時之間，所舉行的規模則以一至二小時爲多。

■ **宴會特性**

酒會舉辦的特性如下：

1. 特殊舉辦目的：酒會適用於各種喜慶餐會、產品發表會、迎新歡送會等，是目前廣爲業界接受的流行宴會之一。

2. 資訊交流：酒會的舉辦以發佈訊息或與會交流爲多，因此會場主要以供應雞尾酒、冷盤、簡便餐飲膳食，以方便賓客取用，而不會因用餐而影響酒會進行。

(八)園遊會

園遊會的舉行較無特定模式，依據主辦單位的安排舉行，其特性與時間分述如下：

■ **舉辦時間**

一般園遊會舉辦的時間不如先前特定餐會時間的固定，時間較具彈性，可能只有短短的二至三小時，也可能延長爲全天七至八個小時皆有。

■ **宴會特性**

園遊會的特性如下：

1. 開放式場地：園遊會的地點多在露天的場地舉行，例如，花園、學校操場、陽台等。

2. 賓客可自由活動：與會賓客毋需固定於特定座位上用

餐，可自由走動。

3. 活動多元化：園遊會餐食內容以特殊、精美的各種小吃、名產為主。有些甚至還摻雜各式各樣花俏的娛興節目以吸引賓客注意。

㈨自助餐會

自助餐會在近幾年廣為盛行，除了讓顧客擁有絕對的自主權外，更應多樣菜色的提供，提高購餐的彈性與選擇。

■ 舉辦時間

在早晨、午間、下午休憩時間、晚間甚至宵夜皆有舉辦自助餐會的例子。

■ 宴會特性

自助餐會的特性如下：

1. 餐食自由挑選：自助餐會賓客可不拘形式的用餐，並依據個人喜好挑選喜好的餐食，

2. 較少桌邊服務、減輕負擔：毋需服務人員的桌邊服務；賓客自由，主人較毋需多方張羅。近幾年來有愈來愈多的宴客方式多改採自助餐會舉行。

㈩其他

除了以上宴會，其他尚有生日餐會、家族聚會、野餐會等。

第二節　宴會服務前置作業

　　一般大型宴會多在大型旅館舉辦，而負責宴會業務統籌與策劃的，即是旅館餐飲部門的筵席部，此部門經理負責督導並協調所有事務進行工作。對內需要做好單位間溝通聯繫的工作，對外則做好與媒體及同業間的公共關係，並協助業務部門爭取宴會活動。至於其他宴會服務人員則應聽從筵席部經理的指示，在宴會舉辦前準備所需的配備，如菜單設計、宴會會場佈置、宴會當天的招待服務工作安排、其他娛興節目的安排……直到宴會當天實際執行。專業繁複的作業流程，在筵席部門各單位相互配合與協助下充分達成。本節則先就宴會作業的前置工作加以說明、介紹。

一、宴會確定與合約訂定

㈠宴會業務確定

　　茲將飯店宴會業務確定流程分述如下：

1. 招攬業務：一場宴會的成形除了客人親自詢問外，為爭取商機，也會由餐廳業務代表人員親自登門拜訪。
2. 宴席預訂：在餐廳與宴會主辦單位雙方大致談妥宴會細節後，主辦人有意願配合，認為一切合宜的情況下，為確保雙方的權利與義務，此時餐廳業務代表人員將會要

求宴會主辦人事先預訂場地，其預定的內容包含：

- 活動舉辦的日期。
- 宴會舉辦的時間。
- 活動名稱。
- 舉辦宴會性質

3. 填妥客戶資料：餐廳業務代表人員會請主辦人填妥個人詳細資料，以作為聯繫依據與事後建立追蹤、客人檔案的資料來源。
4. 最後雙方才確定正式簽約。（如**表10-1**）

㈡簽定合約

確定宴會業務後，其宴會主辦人與旅館掌管宴會單位應簽署預定合約。在合約簽定時應注意以下要點，避免雙方喪失權利。

1. 合約簽訂人：一份宴會活動的詳細合約必須由旅館與宴會主辦人雙方共同簽署。
2. 合約內容：合約上應載明當日菜單內容、飲料與酒類名稱、數量及餐桌的裝飾佈置、點光燈、燭光的使用細節、各類旗幟、音響設備等全盤有關宴會舉行的事宜。
3. 合約生效：簽合約最重要的過程是所有資料與註明都必須經過客人同意，簽署後方可生效。

㈢合約訂定後作業

簽署完合約後，掌管宴會作業的部門必須將之建檔，做成

表10-1　○○飯店宴席預定單

宴會相關資料

宴席主辦單位　_____

活 動 名 稱　_____

宴 席 日 期　自____年____月____日至____年____月____日

宴 席 時 間　□AM □PM_____ 時至□AM □PM_____ 時

宴席預定人數　_____

宴 席 場 地　_____

宴 席 種 類　□會議　□舞會　□音樂會　□茶會　□酒會　□國宴

　　　　　　　□餐會　□其他

餐 食 種 類　_____

宴 會 總 額　NT$_____ 已收取訂金□無　□有NT$_____

宴會特殊要求　_____

　　　　　　　_____

　　　　　　　_____

　　　　　　　_____

聯 絡 人 資料

姓　　　名　_____單位 _____

聯 絡 地 址　_____

電　　　話　_____傳真 _____

宴會業務員　_____日期____年____月____日

資料，作爲日後查詢的依據。

1. 營業訂單的製作：合約訂定後，餐廳宴會行政事務部門將會送發一份供內部作業使用的營業訂單提供所有作業部門操作時的依據。有鑑於此，一份營業訂單將是直接影響宴會成功與否的要因，在製作過程中必須注意以下兩點：

   - 營業訂單必須詳細記載有關菜單菜餚、枱布採用的色彩、燭台、裝飾物、音響系統、燈光等其他所需的配備。
   - 訂單的製作須十分縝密、嚴謹，不得有絲毫誤差，以免妨礙往後宴會作業的流暢性。

2. 建立完整客戶資料：從預定到營業訂單的製作，所有與此次宴會所產生的任何書面資料都必須留存並歸檔建立專屬資料庫，並於一段時間後就重新登錄、確定資料的正確性，列入往後客人追蹤，再次招徠商機的主要顧客群。

二、宴會場地之規劃

在餐廳與宴會活動主辦人雙方商量同意的情況下，訂定宴會時間、場地、菜餚內容、簽署合約書後，再來就是規劃宴會活動當天桌椅的擺設。一般來說，餐廳本身應於事前準備設計完成的藍圖供客人挑選使用。如果客人不滿意事先規劃好的模式，則餐廳有義務再重新爲此次宴會做一次詳盡且全盤的擬定與修改，直到符合主辦人的喜好與宴會活動需求爲止。

在從事宴會活動場地規劃時，理應針對不同宴會的屬性與需求做完善的考量，原則上各類宴會場地規劃有其共通點，桌椅擺設原則上可分為中式、西式、酒會、自助餐會四大類。以下就針對個別特色與注意事項分述之。

㈠中餐餐宴桌椅擺設原則

一般而言，中餐餐宴桌椅擺設原則有四點，茲分述如下：

■ **強調主桌擺設**

任何排列方式其主桌必定安排面對所有賓客。

■ **因應場合變化**

餐會桌椅的擺設基本上依每家餐廳格局、坪數大小、預定筵客人數而有不同變化。

■ **走道寬敞**

無論圓桌擺設或長方桌擺設，其每個桌子與桌子間隔最好不要少於150公分的距離，不僅方便賓客進出走動，更利於宴會餐飲服務人員端送菜餚，以免妨礙服務流程的順利性。

■ **適當座位間隔**

安排座位時應注意間隔距離，以60公分左右為最適當。

㈡西餐餐宴桌椅擺設原則

西餐餐宴桌椅擺設與宴會人數有絕大關係，不僅事前須擬定好所需空間，更須以輩分大小來規劃座位，以下就西餐餐宴桌椅擺設原則陳述於後：

■ **預估與會人數**

西餐的擺設方式較中餐擺設上的考量來得慎重，在安排西餐桌椅擺置前必須先預估與會賓客的人數，再決定餐桌的排列

形式。

■ 以人數劃分座位

通常西式餐飲座位的安排以五十人爲分野，只要參予的賓客不滿五十位，則餐廳宜採直線形或丁字形的排列方法，反之賓客超過五十位以上，則以U字型或O字型的方式較爲適當。原則上無論採何種型式擺設桌椅，皆必須讓每位賓客注意到宴會主人的舉動，在賓客與宴會主人雙方的互動下，順利完成一場圓滿的餐宴盛會。

■ 適當座位間隔

無論何種桌椅排列方式，在安排座位時應注意間隔距離，以60公分左右最爲適當。

■ 長方桌排法

餐宴若以長方桌的排列方式爲之，則需多加注意座位上的調度與安排。長方桌的排列與服務員服務人數的多寡有直接關係。一般而言，餐廳內一位服務員所需負責的客人以十至十二人爲主，所以排長方桌時最好是十至十二個座位一排，以方便服務區域的劃分與服務操作流程的順利。

■ 會議宴會排法

會議式的宴會最好能採教室型排列方式，在每個座位前面附加一張桌子供所有賓客記錄使用。倘若無法採行教室型排列則可採漸進式樓梯排法，並將桌子隱藏於手扶把裡，待客人有必要使用桌子時再將隱藏式桌子拉出使用。

㈢酒會桌椅擺置原則

酒會舉辦較不同於中、西餐宴的配置。因此，茲特別說明以提供餐飲同業另一基本的認識。

■ 配置開胃餐枱

　　酒會舉行時，應在舉辦場合最明顯處（最好是餐廳進門處）擺置開胃餐枱供客人取食方便。

■ 陳設活動式酒吧

　　酒吧枱是採行活動式，在餐廳適當位置擺設些輔助桌，供賓客酒杯，亦可在桌上擺些爆米花、花生米或薯條等乾糧類食品供賓客隨意取用。

■ 配合空間變化

　　通常較小型的酒會場合裡，開胃餐枱與活動式酒吧是合併的。反觀，大型酒會的開胃餐枱是與活動式酒吧分開的，以免除人多擁擠的困擾。

■ 減少桌椅配置

　　一般而言，舉辦酒會的目的是提供賓客間相戶交流或產品展示的機會。所以，酒會舉辦時較不會擺設太多桌椅，以方便與會賓客走動交流。通常會於活動會場後半部擺設幾張桌椅，供與會賓客休憩使用。

㈣自助餐會桌椅擺設原則

　　自助餐會是近幾年來廣受顧客歡迎的餐會，茲將舉行自助餐會時桌椅配置的原則分述於後。

■ 設置自助餐枱

　　在舉辦自助餐會時，其自助餐枱的擺設位置多以賓客一進門口最容易看到的位置為佳。

■ 走道寬敞

　　注意通道寬度，以能讓服務員隨時補荼並不影響客人通行為原則。

■ 餐食擺置順序

其自助餐枱上的食物排法應按照前菜、主菜、點心、飲料、水果的順序進行。

■ 分區配置

若遇上餐食種類過多或必須供給的人數甚多,應劃分個別餐食區,如前菜區、點心區、主菜區等,將同類型食物個別擺設在不同餐枱即可。提供一個流通的供餐環境,以免因客人擁擠而降低用餐品質與印象。

第三節 中式宴會服務

我們常說中華民族是禮儀之邦,是一個重視禮儀的民族。無論是代表國家出席的國宴,或是四處可見的喜宴,都可以明顯地瞧見中式餐宴排場的壯觀與隆重。而為營造如此的用餐氣氛勢必耗費龐大人力資源,其分工細膩與複雜度絕非三言兩語可表達。

因此,本節將以相當淺顯的中式餐飲座位席次配置開始,作為探討主題,進入中式餐飲服務的專業領域。詳細說明中式餐飲服務的每個細節,進入餐飲服務的一大重心──中式餐飲服務作業流程。

一、席次安排

中式餐飲席次安排可分為安排原則與種類兩方面說明。以下即將此兩部分陳述之。

㈠席次安排原則

中式餐飲席次安排上有其依附的原則與方法，茲分述如下：

1. 男左女右：如果男女主人同坐一桌則男主人坐左邊，女主人坐右邊。若男女主人分別坐不同桌次，則男主人坐左邊次席，女主人坐右邊主席。

2. 首席對門：凡面對出入門的位置為首席。

3. 右方為尊位：以右方為尊者，依照輩分或地位排列至左，於接近門口處為最後輩的席次。

4. 主人與首席對坐：主人與首席對坐，主人通常坐在最後一個席次，以示尊重在場的與會賓客。

5. 男賓坐女主人右方：所有的男性賓客皆安排至女主人的右側入座。

6. 女賓坐男主人右方：女性賓客則依次坐在男主人右側入座。

7. 單身分坐、夫妻合坐：凡單身男女則採分開座位；至於已婚夫妻則可併肩同坐一起。

8. 瞭解賓客背景：餐廳服務員常需要協助客人安排席次，所以服務員應清楚座位的編排原則。一般在安排賓客座位時，應針對賓客身分地位、政治情況、人際關係、語言溝通、交情背景等做多方的考量，配合賓主的需求，安排賓主皆滿意得宜的座位，如此才能營造良好的宴會用餐環境。

9. 張貼座位表：為方便賓客入座，提高就位速度，避免影

響宴會舉辦時間。待服務人員將宴會座位排定後，應將座位安排席次表張貼於餐廳門口，以引導客人順序入席。

(二)席次安排種類

中式餐飲席次種類可分為單一圓桌法、雙圓桌法、多席次圓桌法、方桌排法等四類。由於單一圓桌法可分為兩種，茲將其分別說明如下：

■ 單一圓桌排法一

單一圓桌之席次尊位排法一：（如圖10-1）

1.面對門口為主要賓客位置。
2.主人與主賓客對坐。

■ 單一圓桌排法二

單一圓桌之席次尊位排法二：（如圖10-2）

1.女主人坐首位，男主人與之對坐。
2.女主人右側坐男主賓客；男主人右側坐女主賓客。

■ 雙圓桌排法

雙圓桌之席次尊位排法：（如圖10-3）

1.若為橫式餐廳平面則以面對門的右側為首席桌，左側為次席桌。
2.若為縱向平面則以面對門向裡邊為首席桌，愈外邊為次席桌。

單席座次第一式

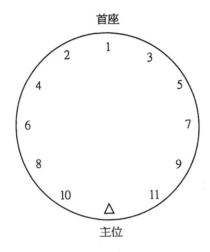

圖10-1 單一圓桌排法一

單席座次第二式（有男女主人與男女賓客者）

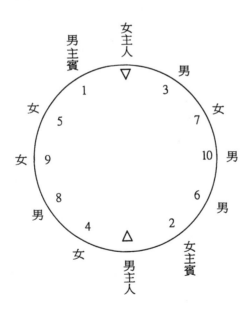

圖10-2 單一圓桌排法二

■ 多席次圓桌排法

多席次圓桌之席次尊位排法：（如圖10-4）

1. 從選定主席開始，凡面對主席右側為較尊崇的席次，左側坐位則相反，以此類推。

雙席席次

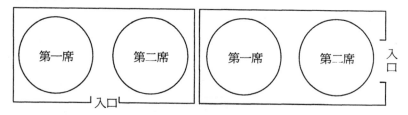

圖10-3　雙圓桌排法

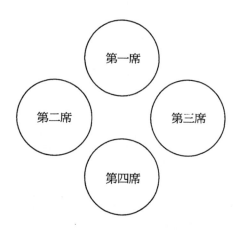

圖10-4　多席次圓桌排法（依此原則而類推之）

■ 方桌排法

方桌之席次尊位排法：（如圖10-5）

1. 男女主人並坐（男左女右）。
2. 女主賓客面對男主人對坐；男主賓客面對女主人對坐。

中式方桌排法之一：男女主人併肩而坐，面對男女主賓。

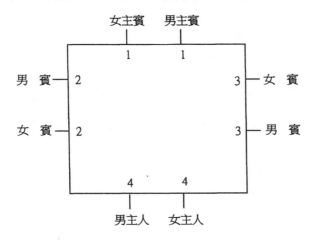

中式方桌排法之二：自右而右，主賓居首席，主人居末席。

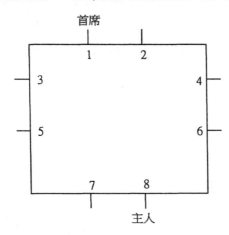

圖10-5　方桌排法

二、宴會接待

　　良好的接待態度與方式不僅是宴會順利進行的先決要件，更將是加強客人對於餐廳良好形象的最佳時機。因此，繁複的宴會接待工作，是每家經營宴會業者必須學習的課題。

　　茲就中餐宴會的接待流程分述之：

㈠設置接待室

　　在餐廳前空房間或玄關處，佈置爲賓客來訪的接待室或貴賓廳，並由領班安排一至二位固定或輪流式的服務人員從事宴會前的招待工作。招待人員必須負責爲每一位到訪的賓客斟茶水或協助賓客存放衣帽。

㈡招待主辦人

　　宴會承辦人或主人爲統籌與服務先前到達會場的賓客，皆會在開場前三十分鐘抵達會場，屆時餐廳領班應趨前歡迎，引導至活動舉行會場，巡視其他宴會服務人員執行狀況，並隨時待命準備開席服務。

㈢準備開席

　　待宴會主持人察覺所有賓客到齊或宴會舉辦時間已到，則可以通知一旁的服務員或領班，聯絡廚房，將準備好的菜餚端出，即可開席。

㈣開席服務

開席的第一道菜應由服務員端上較接近主客位置的餐桌旋轉盤上，並同時為在座的每為賓客斟第一杯酒，待酒菜準備好才告知宴會主人請所有賓客入席。

㈤伺機服務

開席後，餐廳領班與服務人員必須站於一旁，除準備其他上菜的餐飲服務外，即隨時待命提供客人所需服務。

三、餐飲服務

中式餐飲服務大致上可分為餐桌擺設、服務員職責、上菜方式與結帳送客四個重點，以下將此四部分詳加說明。

㈠餐桌擺設

中式宴會的餐桌擺設取決於各家餐廳獨特的菜餚提供與餐具使用，然而餐桌擺設方式卻大致相同，多採行傳統中式餐具擺法。讀者可參照本書第二章第四節中式餐桌擺設法。

㈡服務人員工作職責

服務人員之工作職責包括事前分配作業及彼此相互協助，分述如下：

■ 事前分配作業

宴會舉行前，領班應先分配好所有服務人員的工作職責與服務區域，並加派其他實習服務員側旁協助，促使整個餐食服

務順利完成。

■ 彼此相互協助

雖然分配工作區域，其服務員彼此間也應發揮互助合作的工作精神，如遇非所屬區域裡的賓客需要服務時應以相同之熱忱，快速、準確的態度對應，不得迴避。

㈢上菜方式

中式上菜時必須注意出菜、桌面清潔、分菜此三大部分，以下就分別以這三個重點詳述之。

■ 出菜原則

中餐出菜時應考量上菜秩序、上菜禮儀與供餐速度。

1. 依序上菜：服務員待客人入席後或依據宴會主人的指示開席，並依菜餚出菜順序端菜上桌。
2. 注重禮儀：每道餐食上桌前應置於服務枱，讓服務人員先將用完膳食的菜盤撤去，保持餐桌的簡潔，再行將第二道菜端上桌，如遇採用旋轉式餐桌則每道餐食最好能先轉至主人面前，以示尊重之意。
3. 保持供餐速度：服務人員應具有隨機應變的能力，適時控制供菜的速度，保持前後接續進行的原則。每道菜依循順序更迭進行，當前一道菜食用完畢後，即端下一道菜餚，絕對不可以產生賓客食用完菜餚後空盤等待的情況。菜餚接續不上，不僅讓宴會主人尷尬，也影響餐廳的服務品質，給予賓客不舒服的用餐經驗。
4. 小心供給熱菜：當菜餚為熱食時，服務人員要小心端盤上桌，以免碰撞。為保持菜餚於烹煮時的口感，更應盡

量迅速傳遞，讓所有賓客享用。

■ **桌面清潔**

隨時保持桌面清潔，不僅提高顧客用餐的情緒，更讓如此
美好的形象留於客人心中。

1. 保持清潔度：服務人員應負責保持客人桌面上的清潔，
   對於客人食用帶骨或有刺的菜餚時，須適時更換客人盛
   放殘餚骨皮的骨盤，提供骨盤讓賓客盛裝殘餘。
2. 頻繁更換手巾：隨時為客人更換髒污的手巾，保持桌面
   清潔之餘，更提供賓客自行清潔的方便性。

■ **分菜**

中式分菜的步驟與要點十分繁瑣。餐飲服務員應詳記清
楚，逐步施行。

1. 清楚順序：菜餚分食必須先分給主要賓客，而後才依次
   平均分給其他賓客，最後才分配給主人，以示對所有賓
   客的尊重。簡易而言，中式餐飲的分菜流程為：主客→
   其他賓客→主人。
2. 掌控分量：分配菜餚的分量要拿捏得當，往往經驗不足
   的服務人員較無法正確抓準分量，如遇此情況，應掌握
   每份皆能平均分配的原則，不可以有過於盛滿或較少量
   的情況。
3. 「中餐西吃」法：中菜的分食方式除了在賓客面前分配
   的方法外，有些餐廳也採行先將菜餚分配在小湯碗再端
   給客人享用的方式，坊間餐飲業界則稱為「中餐西吃
   法」。

4. 特殊服務法：中式宴會最特殊的供餐方式，稱爲特殊服務法（special service）。所有客人均採用銀製食器。服務人員以右手操作餐具服務，用拇指與食指持著「叉」，中指與無名指緊握「匙」夾菜，利用大型的叉匙餐具夾菜置於每位賓客盤中。（如圖10-6）

5. 技巧熟練：如遇需要使用餐刀與菜夾等多樣餐具供食時，必須先以熟練的技法在賓客的餐桌上切取分食。且更應謹愼小心，以免膳食內所含的油湯四濺，弄髒餐桌與賓客衣著。

6. 湯鍋盛端：若需要盛端有蓋的砂鍋或缽盅菜餚，掀蓋時鍋蓋必須在湯盆口上輕啓，以蓋口朝上的方式拿除，如此不僅可以避免蒸氣水分漏滴至桌面，沾污餐桌的清潔，亦免除鍋蓋湯汁漏滴到客人衣服上的顧慮。

7. 斟酒服務：服務人員替賓客斟茶或斟酒時，應以八分滿爲原則，切勿溢出盛器，不僅不尊敬顧客，更造成賓客飲用上的不方便。

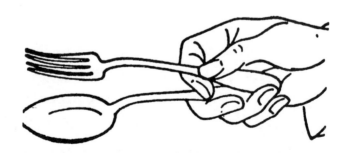

圖10-6　中式餐飲特殊服務法餐具操作圖

㈣結帳送客

由於中式餐飲的多樣化，從前菜、主食、湯料、糕點、甜品到水果，其最基本的膳食也有六至十道菜，更何況是高級繁複的國宴、晚宴、喜慶等。服務工作耗費大量人力，卻不得因此怠慢最後的結帳與歡送賓客的細節。順利的結帳與送客儀式，才算是圓滿的結束一場優異的宴會服務。

以下就結帳與送客的最後步驟作細節陳述：

■ 結帳

餐廳經營的目的最重要的還是獲取合理利潤。因此，最後結帳皆被視為謹慎、重要的工作。其範圍包含：

1. 筵席桌數費用：此項費用與主人選擇的菜單種類、筵席桌次而有所不同。

2. 飲料費用：一般而言餐廳會供給一定數量的免費飲料供賓客享用，如飲用超過所提供的數量則另行計費。

3. 場地租金：視個別餐廳的策略而定，有些餐廳為了爭取業績或回饋消費者，將免除此項費用的支出。

4. 場地裝置耗費：為佈置會場所添購的材料，如螢光氣球、貼字、看板等。

5. 器材租金：如音響設備、講台、投影機、投射燈等。

6. 其他代墊款：如婚宴糖果費用。因為是代為選購的產品，非為餐廳本身自行提供的產品，所以此類費用不包含在最後所有統計費用的發票中計算，必須額外開立證明，供宴會承辦人釐清。

7. 額外的菸酒費：有些宴會主人要求自行攜帶酒品或飲

料，一般餐廳會酌收開瓶費。

8.稅金：依照當期政府規定的額度扣取。

9.服務費：一般多以所有費用加總後的10％為同業原則。

待所有費用由會計部門整理、統計好後，出具統一發票（不包含代辦費用），請宴會承辦人核對，並結清帳款。

■ 承蒙惠顧

宴會結束，賓客逐次離席，此時領班應帶領所有服務人員在會場出口站立，以和藹親切的微笑迎送每位賓客離去，讓一場熱鬧和樂的宴會氣氛持續到最後，留下完美的句點。

第四節　西式宴會服務

因為西方人視餐宴為最佳的情感交流站，膳食的菜單從開胃小菜、湯品、主菜、甜品、水果到飲料供給，除了美味佳餚是餐桌上的重點外，賓客間的交談話題也是佐餐重點。為營造輕鬆合宜的氣氛，其賓客座位的安排就顯得格外重要。除了掌握每位佳賓的身分、背景外，正統的西式宴會流程是每一位服務員所必須具備的專業知識。因此，本節就以西式宴會的席次安排、餐飲服務為介紹重點深入說明之。

一、席次安排

一般來說，因為西式餐飲採行賓客個別享用餐點的方式，同桌人毋需共同分食，餐點在未上桌前即分配在個別的餐盤

上，所以西式宴會採行方桌與圓桌排列法較不受賓主與業界的歡迎。而是縱向長方桌、橫向長方桌、方型桌等方式排列。儘管座位鋪陳方式不同，但座位安排上還是有共通依循的原則與服務應注意的要點。

㈠席次安排原則

在安排西式餐飲宴會席次時，應注意以下各點原則：

1. 男女主人各坐在長方桌短邊的兩端，或橫式長方桌的中央。
2. 接近男女主人的賓客必須為主要的賓客。
3. 在男主人右邊安排女賓客，在女主人右邊安排男賓客，其餘客人座位安排列依此類推。
4. 每位賓客與賓客間的座位間隔以24～30吋為基準。
5. 座位辨識，必須由服務員製作賓客座位卡，置於骨盤餐巾上。

㈡席次安排種類

西式宴會的席次安排主要有縱式直桌、橫式長桌、方桌、Ｔ字型與П字型等幾項。以下我們就將這幾項席次安排方式說明於後。

■ 縱式直桌

縱式直桌之席次尊位排法：（如**圖**10-7）

1. 女主人坐前端主位，男主人面對女主人坐在另一端。
2. 男女分坐、夫妻分坐、華人與洋人分坐。

■ 橫式長桌

橫式長桌之席次尊位排法：（如圖10-8）

1. 男女主人坐在橫式長桌中央位置。
2. 男女分坐、夫妻分坐、本國人與外國人分開兩旁而坐。

■ 方桌排法一

方桌之席次尊位排法一：（如圖10-9）

1. 男女主人斜角對坐。
2. 男女主人的右側皆坐男女主要賓客。

■ 方桌排法二

方桌之席次尊位排法二：（如圖10-10）

1. 若主人只有一位，則首席為面對門口左側。
2. 主人與首席斜對角坐。

■ T字型排法

T字型之席次尊位排法：（如圖10-11）

1. 男女主人坐於T字中央，席次的兩端與下方不安排座位。

■ ㄇ字型排法

ㄇ字型之席次尊位排法：（如圖10-12）

1. 男女主賓坐於ㄇ字中央（男左女右）。
2. 男主人坐女主賓右側，女主人坐男主賓左側。

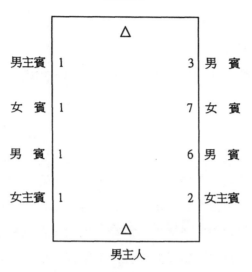

圖10-7　縱式直桌排法

圖10-8　橫式長桌排法

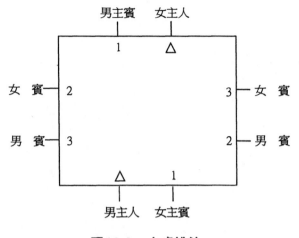

圖10-9　方桌排法一

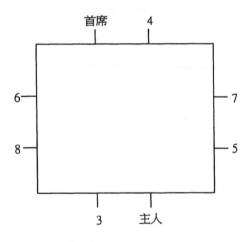

圖10-10　方桌排法二

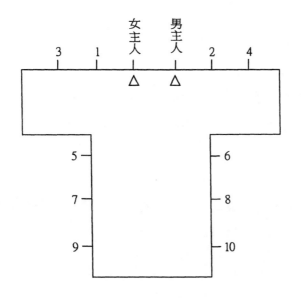

圖10-11　T字型排法

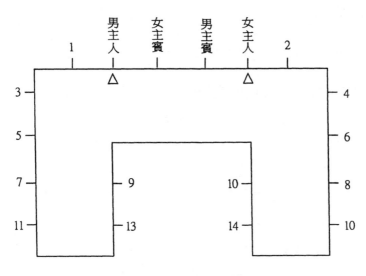

圖10-12　∏字型排法

二、餐飲服務

　　與中式餐飲相同，西式餐飲必須包含餐具擺設方式。此外，還須注意上菜方式、服務原則、送客等要點。

㈠餐具擺設

　　西式宴會餐具擺設與西餐擺設相同，讀者可參照本書第二章第五節西式餐桌擺設法。

㈡上菜

　　西式上菜原則上須注意服務順序與供食順序二大重點，如下分述：

■ 上菜次序

　　西式宴會上菜服務順序如下：

1. 上菜順序以女賓客優先。
2. 第一位上菜者為男主人右邊的女主賓客。接著是男主人左邊女賓客，之後，再依次為所有女賓客上菜。
3. 其次為女主人上菜，如同前述為女主人右邊的男賓客上菜，最後才為男主人上菜。茲將西式宴會上菜流程簡略如下：女主賓→所有女賓客→女主人→男主賓→所有男賓客→男主人。

■ 餐食順序

　　西式宴會餐食提供的次序如下：

1. 前菜：上前菜前應先服務斟倒白酒，在賓客食用前菜後才可撤盤，撤盤時由主賓客開始。

2. 上湯：於上湯前應先上沙拉，湯品盛端時應墊小碟盤。

3. 魚類或海鮮：先將賓客食用完的湯碗撤走，撤湯時若沙拉未食用完畢可先存留直至客人用完。為客人斟好白酒後才上魚類或海鮮。

4. 肉類（主菜）：上主菜前先為所有賓客斟滿紅酒，才為賓客上菜。

5. 甜點、水果：

   • 清除餐桌：在上甜點與水果之前應為賓客清除餐桌上除了酒杯的所有餐具。

   • 端盛水果盅：水果應擺在水果盅裡，並附上洗手盆與水果刀叉。

   • 斟酒：甜點前應為賓客斟好香檳酒，以利客人方便舉杯慶祝。

   • 提供溼手巾：當賓客食用完水果時應在客人左側遞上濕手巾，其手巾應放置手巾托中。

   • 咖啡或茶：先擺放好糖罐、奶壺後再上飲料。

㈢服務原則

為所有賓客服務的過程中，必須注意四處巡桌，即時為客人處理特別要求，以下列出服務員巡桌時應留意的事項。

1. 隨時為客人斟添酒水。

2. 勤於更換菸灰缸。

3. 觀察賓客用餐情況，隨時注意客人需求。

4.迅速撤走餐桌上賓客不必要的餐具。

㈣送客

恭送客人是餐飲服務的最後步驟，其流程與注意事項如下所述：

1. 禮遇歡送：如果服務人員充足，在賓客起身離座時，服務員最好能為客人拉座椅。
2. 檢查會場：視察宴會會場，是否有賓客遺留的物品。
3. 承蒙惠顧：迎送賓客至餐廳門口，以和藹熱忱的笑容歡迎下次再度光臨。

第五節　宴會後客人追蹤方式

無論何種宴會形態，為爭取往後的消費顧客，皆須對曾經來訪客人的資料小心存留，建立完整的客戶資料庫，並定時核對資料的完整性與正確性，作為聯絡、掌控客源的基本依據。

㈠事後詢問

餐宴後，筵席部門必須主動與此次宴會主辦人聯繫，詢問賓客的滿意度、服務態度、改進與建議，並再次感謝賓客的光臨。

㈡隨時提供相關資訊

往後可以利用電話訪問、書信通知，或為業務人員親臨拜訪的方式，隨時將餐廳宴會相關活動與訊息通知客人。

㈢定期追蹤

一定時間內重新追蹤、更改所有客戶的正確資料，並鍵入電腦資訊系統存檔。

㈣建立資料庫

客戶建檔資料不僅可以為未來餐廳客源的掌握，更可成為新開張餐廳的主要針對客源之一。

第十一章　餐廳規劃與設計

想要在眾多餐飲業裡獨具一格，成爲顧客所喜愛的用餐地方，是餐飲經營者最終目的。如何達到用餐客人滿意的水準，除了前面幾章所說的服務態度與專業技術外，最重要的還必須具備完善的硬體服務設施與環境，引導客人光臨、來店用餐的興趣。在前幾章裡，我們皆以軟體服務爲訴求，說明成功餐飲經營所應具備的方式與態度。而本章則將轉換角度以餐飲硬體經營爲出發點，從座落位址規劃、外部裝潢以至於內部空間配置等，做詳盡解說，將餐飲服務的範疇說明得更詳盡與完善。

第一節　餐廳規劃

　　一間餐廳的成立絕非一蹴可及，更不可能任由一個靈感閃過即成形。在所有因素尚未定案前，「規劃」則是開始的第一步驟。這其中必須涵蓋所有設計細則與經營理念，從尚未經營時的配置理念以至於未來的經營模式都必須在先前構思完畢。因此，我們常說餐廳規劃的謹慎度是見證經營好壞的浮影，唯有透過事前詳細的評估、籌設，才得以因應經營時所發生的突發狀況與難題。

一、餐廳規劃步驟

　　毋需多言或人員解說，餐廳本身就是一項行銷品。成功的餐飲設計，即馬上吸引顧客目光，讓顧客注意力集中在餐廳所營造的獨特風格裡，促使顧客進入消費的動機。然而如何在一間餐廳的外觀藍圖尚未成形時著手籌劃？餐廳規劃事前考量爲

何？規劃步驟如何進行？這些疑問的答案將在以下一一為您陳述。

㈠座落地點

座落地點將是餐廳規劃時最先取決的重點。鄰近環境往往影響著餐廳外觀設計，如位於公園綠地旁則可圖地利之便，設計為庭園式餐廳；若座落於繁華都會則可採行較標新立異、誇大或另類風格的外觀設計；至於學校附近的店面則可設計書香味濃的用餐空間。在選擇區域環境的同時亦須考量交通便利性、停車區位、租賃金方面的事宜。謹慎思量、評估以顧及全盤地理環境。

㈡型態定位

餐廳經營型態將是影響外部裝潢與內部配置最重要的因素。若為一家速食餐廳則須以迅速、便利的供餐環境為前提，桌椅陳列簡單、乾淨為考量。其他如中餐廳的配置、牛排館的空調系統、麻辣火鍋的鍋爐安設，都將因經營型態的不同而影響未來內部配置與經營方式。

㈢供餐內容

硬體裝潢與規劃必須憑藉著經營型態的差異。許多餐廳設計乃依菜單屬性的不同而變化。例如，一家以墨西哥或菲律賓菜為販售主題的餐廳，其室內佈置就需多樣、活潑，以彰顯南方熱情、色彩的異國情調，讓客人用餐如置身異國國度。如此，不僅讓顧客體驗到餐廳經營的用心與特色，無形中也成為餐廳宣傳的焦點，吸引更多有興趣的消費者前來消費。

㈣專業溝通

　　專業人員將是餐廳裝潢與管理作業的關鍵人物。無論是與室內設計師的配置溝通或是與專業經理人員的餐飲作業溝通，都應徹底執行。就空間規劃上，應儘量向設計員表達心目中想呈現的氣氛與效果，並重複審視設計藍圖與裝潢草稿，以免造成往後改善不易或無法更正的疏失。

二、餐廳規劃的目的

　　諸如以上的陳述，一間餐廳從無到有的過程繁複冗長，小型的餐飲環境從設計到動工即需幾個月，而大型的飯店、旅館則可能需要將近一年的時間才得以完工。種種的過程曠日費時，規劃的目的不僅是為佈置一間提供用餐地點的餐廳而已，詳盡的外觀規劃與設計主要的作用有以下幾點：

㈠吸引消費者

　　設計特殊、搶眼的餐廳，將會吸引眾多顧客目光與注意。引發顧客前來光臨餐廳的欲望與行動。當客人因外觀設計而推門用餐的一剎那，正代表餐廳外觀設計的成功。

㈡永續經營

　　顧客心中的第一印象往往是往後經營的關鍵。舒服得宜的用餐環境、配置與自我風格的設計訴求，不僅在顧客的潛意識裡留下強烈的印象，更將因為口耳相傳，產生消費需求乘數效果，消費顧客門庭若市、絡繹不絕。

㈢彰顯獨特

當今已有許多餐飲業者，將展現自我風格為主要經營理念，在本位主義訴求的社會環境下，尋求獨具一格的經營態度與風範，成功樹立另類行銷手法。

㈣加強競爭實力

多元化的社會，產生競爭力強大的市場，如何在眾多的餐飲業中脫穎而出，讓顧客在林林總總的餐飲選擇中單挑一家用餐。排除服務品質的優異，最重要的還是硬體設計的吸引度。穩定的客源，才能在競爭激烈的餐飲環境下擁有發展空間，進而達到永續經營的目標。

第二節　餐廳外觀設計

無論是平面媒體抑或立面呈現，顧客對於餐廳的第一印象多以外觀為主，深受外觀的獨特與神秘性吸引而提高顧客用餐的興緻。有鑑於此，可以清楚地瞭解餐廳外觀的設計是吸引客人前來的絕對條件。誠如前面所提及，美國速食業巨人麥當勞強調迅速、清潔的用餐空間，讓大眾可以安心享受美食，造就強烈的「品牌知名度」，使得往後所推出的相關產品也廣受大眾歡迎。由於外觀設計對餐飲經營有直接關聯，因此，在著手從事規劃時不僅要悉心評估，更需要考量整體外觀、人行走道、入口、標誌、照明等五大部分。

㈠整體外觀

餐廳外觀儘量採開放式原則,讓走在人行道上的顧客也可
以感受店內用餐的氣氛與熱鬧景象,因而停下腳步進門消費。
所以,現階段許多餐廳皆以大型落地窗讓用餐環境透明化,路
過的行人可以無阻隔的看見內部情調與氣氛。人本主義濃厚的
當代社會,「人性化」氣氛的傳達將是吸引客人前來用餐的良
好行銷。再者,餐飲業應儘量採用鮮明的色調,走廊或室內最
好能避免不必要的吊飾裝置。

㈡人行走道

人行走道是引導客人進入店裡用餐的直接媒介。因此,佈
置必須顯目,最好能加蓋遮雨棚以利顧客雨天通行之便。

㈢入口

入口設計必須考量大小、高度。當客人進入餐廳時,高度
適中的入口可讓客人一眼即瞧見位置,無論客人抬頭、轉身、
停留或與其他客人擦肩而過,都有足夠的寬度與空間。因此,
入口大小考量後,再決定採用的材質與型態樣式。

㈣標識

設立招牌的位置應醒目,並儘量運用色彩鮮明的標誌,清
晰的看板圖案,讓人遠觀即可清楚看見餐廳標識。

㈤照明

設計外觀時必須格外重視燈光與照明,尤其是夜間照明設

備。霓虹燈與其他輔助燈光皆有助於客人在夜間的辨識；突顯餐廳標識的風格，讓顧客能輕易看見餐廳的座落位置。

　　諸如以上的各點，顯著的外觀設計將成為客人前來的最佳指標，亦是餐廳塑造良好形象的最佳機會，一舉兩得的優勢，怎能不引起餐飲業經營者的重視呢？

第三節　餐廳內部設計

　　店面內部設計絕非取決於面積大小，坪數大的店面並不一定賺錢，可能因負擔高昂承租費用增加過多開支。反之，小店面也未必虧本，只要是地點好、人潮多、詳加瞭解當地消費習慣、具有特色的內部裝潢，都能符合客人喜好。內部配置與規劃就好像一家餐廳的靈魂，讓客人推門進入餐廳的剎那留下深刻的評價與印象。從空間規劃、桌椅配置、動線、採光及其他室內設施，在專業設計人員的創意與經營者的巧思中，傳達一切的餐飲訊息與特有風格。

一、空間規劃

　　空間規劃是內部設計的第一步，當所有空間與面積決定後，其他配備與陳設才能開始進行。一般而言顧客最常接觸的地點包含用餐區（restaurant）、接待賓客的接待室（foyer）、置放衣物的衣帽間（clock room）與盥洗室（rest room），這些都是內部配置考量範圍。其次，由於廚房（kitchen）的清潔與設計，關係著供食品質的優劣，因此經營

者在進行配置時更必須加以留心。

以下就針對餐廳個別區域說明空間分配與陳設原則。

㈠用餐區

針對提供內食服務的餐廳來看，就顧客與空間關係而論，用餐區是內食顧客最常接觸的場合，也成爲餐飲經營者在規劃步驟時不得不謹愼思量的地方。

■ 空間

用餐區空間規劃主要分爲容納量與宴會空間兩部分。

1. 容納量：用餐空間規劃最基本的考量是每位顧客可利用的空間大小。餐廳本身主要的活動群是顧客，顧客人數取決於用餐場地的容納量。除非是經營外帶爲主的餐飲型態，否則皆須先預估可容納的人數，考量尖峰時間的人群往來，而後決定桌椅配置問題，構出餐廳平面圖。
2. 宴會空間：較有規模的餐廳皆包辦宴會業務。由於宴會人數衆多與一般散客經營略有差距。在空間規劃上小型宴會最好有一間僅十人使用的數坪套房；大型宴會即是容納數百人次的餐飲交誼空間。此外，爲善加運用餐飲空間，目前已有許多餐飲業者利用屏風阻隔方式，以因應多樣大小型餐宴使用，提高運用彈性。

■ 座位

安排客人座位時除考慮容納量外，排列時應善盡最大空間利用。走道的設計須符合客人與服務員隨意走動、出入方便的條件，不可以因空間太小造成服務上的阻礙，或空間太多形成浪費，違反經濟效益原則。至於用餐區桌椅配置與動線規劃原

則，將於之後再做介紹。

■ 建材

在有限的用餐空間裡，建材與設備應做最經濟且秩序的安排。事前的深入評估有助於減少因為建材或設備上取決的錯誤造成浪費空間、擺設阻礙到動線的問題衍生。

㈡接待室

為禮遇貴賓或提早前來用餐賓客，接待室的安排與設計自然須合乎高雅、舒適的原則，以下就將接待室設置重點臚陳於下：

1. 空間：接待室的主要功能在於提供用餐前客人休憩場所，因此設置舒適合宜的座位空間是絕對的。客滿時客人毋需久立等候，馬上提供座位。
2. 盥洗服務：接待室旁應設置盥洗室供客人使用。
3. 娛樂設備：為排遣客人等候的無聊，應考量配備娛樂設施，如電視、報刊、雜誌等供客人使用。
4. 使用效益：如果考量空間使用的效益問題，接待室可設計較寬敞作為小型會議使用。

㈢衣帽間

提供顧客隨身衣物放置的方便，衣帽間的體貼設計將讓顧客存有美好印象。

1. 位址：提供客人掛取衣物使用，因此一般皆設於餐廳的進出口處。
2. 空間：視餐廳的大小規模而定，設計出不同坪數的衣帽

間。

3. 特殊設計：若無特定空間作為衣帽間使用的話，也應設
   置衣帽櫥櫃，讓客人將衣物、手提包、雨衣等用品交予
   特定保管，待用餐完畢後領回。

㈣盥洗室

對於任何餐廳來說，盥洗室的陳設與配置是絕對必要的。
無論裝潢新穎與否，盥洗室最應重視的是整齊清潔，隨時保持
乾爽，提供顧客良好的如廁享受。

1. 位址：最好每層樓皆能設置盥洗室，以免添增客人爬樓
   梯的麻煩。而且，最好不要與廚房連在一起，避免降低
   客人食慾，引起反感。
2. 空間：盥洗室的配備應視餐廳大小而定，基本上以容納
   三人為原則。
3. 色調：盥洗室的燈光應採柔和、鵝黃基調為佳，暖色氣
   氛為原則。
4. 標識：盥洗室的標誌應清晰、醒目，男女圖示應標明清
   楚，最好有中英對照以服務外籍消費者。
5. 清潔：應配置專人或服務人員排班隨時檢查盥洗室的清
   潔與乾淨。

㈤廚房

動線流暢、配置完善的廚房設施不僅能讓烹調作業順利完
成，亦是製作美食佳餚的先決要件。以下我們將以空間、色調、
通風、排水、設備與流理枱六方面分別說明。

1. 空間：視餐廳經營的屬性與形式決定廚房面積的大小，基本上廚房空間應佔餐廳的三分之一或二分之一。
2. 色調：廚房色調最好鮮明調和並配有明亮的照明設備。
3. 通風：門窗適中，擁有良好的通風設備，污濁空氣必須經由工作枱上方排出。
4. 排水：設置通暢的排水系統與引水管線、電路、燃料、櫥櫃。
5. 設備：一切的烹飪操作流程從切割、調理、盛裝到收拾按照操作設備排列。大型料理、冷藏設備，應善加考慮，在有限的空間裡規律整齊的擺放完成，既不佔太多廚房人員的工作空間，更能因完善的配置讓每一樣烹調過程皆能順利達成。
6. 流理枱：廚房流理枱最好呈L字型、U字型或平行配置，以節省工作與操作時間。

用餐區、烹調區與其他公共空間（洗手間、走廊、接待室、衣帽間等）的配置、管理，皆須因運用價值的不同與特殊性做最完善的動線安排與符合最佳經濟效益的配置。管理者在取決此空間配置時皆重視每個步驟與項目。

二、桌椅配置

桌椅配置的主要目的是如何在有限的用餐間裡規劃桌椅的擺設與陳列，令客人有足夠的用餐空間，不致感覺空曠或因座位太狹隘造成無形的壓力。基本桌椅陳設須考慮座位安排與型態，以下即針對此部分加以說明。

㈠桌椅配置原則

餐廳在營運前必須完成客人用餐區的桌椅佈置。而桌椅設計即是餐廳的生財工具,配置不當將可能流失客源。因為一般客人都喜歡到氣氛得宜的餐廳,坐下來享受美食,所以如果不善加規劃、隨意陳設桌椅,其結果勢必影響營運績效。

在桌椅設計、規劃上必須著重於款式、空間、座位周轉率三大部分。

■ 款式

不同材質的桌椅將營造不同的餐廳氣氛,不同造型的設計更將突顯餐廳風格。所以,材質的選用和造型規劃是桌椅款式考量的兩大重點。

1. 材質:餐飲經營者在決定選購何種桌椅型式前應考量餐廳屬性。因應不同的經營風格,決定不同的桌椅款式材質,單單是木質桌椅即分為許多種類,因此各類佈置出來的氣氛也有差異。

2. 造型:餐廳經營者必須因應餐廳裝潢與屬性,選購符合的桌椅造型,其選購重點有下列幾點:
   - 為避免磨擦造成地板上不美觀的痕跡,儘量挑選桌腳與椅腳圓形的桌椅。
   - 為支撐桌椅本身的重量,應選擇較寬大粗壯的桌腳與椅腳。
   - 椅套或椅墊應選擇容易更換、修理與清洗的材質與布料。
   - 選擇椅背與椅座最好有間隙,以方便清洗。

・桌布不應過滑，以免擺設餐具時不便。

■ 空間

　桌椅配置空間除了考慮顧客容納量之外，由於走道寬敞與否也影響餐廳顧客活動空間，經營者在規劃時也必須詳加考量。

1. 需求空間：因為顧客活動需求，平均來說一位顧客所需最低的活動面積為31.5平方英吋。以此類推，想要容納百位客人則必須提供一百倍的個人面積，當然不同經營屬性也有不同的配置理念。如咖啡館、小吃店或速食店的空間分配，因講求迅速，客人用完餐即馬上離開座位，客人所需的面積平均而言只有19.5平方英吋。

2. 走道空間：用餐區的餐桌間隔是必須考慮的，其間距須能讓服務員方便服務，讓客人方便出入。根據調查餐桌間平均空間需求量為19.5平方英吋。

■ 座位周轉率

　與桌椅配置有直接關聯的還包含座位周轉率情況。餐廳座位周轉率影響餐飲服務人數，更與營收有直接的關聯，而足以影響餐廳座位周轉率高低的因素有下列幾點：

1. 服務速度：無疑的具有熟練專業的服務態度與技術將提高餐廳服務的速度。

2. 供餐時間：營業時間愈長將增加餐廳餐桌的利用率與周轉率。反之，營業時間愈短將因所服務的客源有限，影響餐桌周轉率與餐廳營收。

3. 用餐時間：顧客用餐時間愈短愈能增加桌椅的使用率，

間接增加餐廳合理報酬的多寡；反之，顧客於用餐完畢後還持續坐在座位上聊天，則將直接影響餐廳繼續服務其他客人的機會。

㈡一般餐廳座位規劃

常見的座位型態可分為兩種。其一為以桌椅容納量劃分，有二人用桌、四人用桌、八人用桌三種；其二以椅座安設，區分為固定式桌椅與不固定式桌椅兩種。以下分別就這兩種分類要點陳述之。

■ 桌椅容納量配置

依使用人數主要可分為二人用桌、四人用桌與八人用桌三大項。

1. 二人用桌：
   - 二人用桌以長方桌為主，其寬度以兩位面對而坐不會相互碰及膝蓋為原則。
   - 為善加利用空間，二人用桌可以擺置於牆邊以節省空間。
2. 四人用桌：四人用餐桌以正方桌或圓桌為主，如果要呈現較活潑性的擺設變化則採圓桌與方桌交替配置得宜，減少餐廳佈置的單調感。
3. 八人用桌：以正方桌為主，座位配置最小極限以相鄰而坐的客人不會相互碰觸到肘部為原則。

為求配置上的變化，三種不同的餐桌區可區別配置或組合陳設，例如，在八人方桌旁配置四人用圓桌或方桌；在四人用方桌外圍配置二人用長方桌的方式，雖然餐桌僅有三種不同的

分類，但配合多樣化的擺設，將引導出不同配置風格。

■ *座椅安設配置*

　　以設置的不同方式來劃分，桌椅安設有非固定式與固定式兩種方法。以下我們分別陳述此兩種方法配置時所應注意的事項。

　　1.不固式的座位：桌椅個別獨立、分開。其特點為：
　　　・因不固定於地面，顧客可以自由移動使用，並且方便調整座位間距。
　　　・移動率提高，同時也增加破損機會。
　　　・易於清理、擦拭。
　　2.固定座位：桌椅固定於地面，以大型容納量餐廳使用為多。其特點為：
　　　・毋需桌椅搬運可節省清潔時間。
　　　・此類座位的安排常見於宴會與會議式的大型活動使用，因此為增添與會的氣氛與豪華，經常可見設有高級皮質或木材質設計的座椅。由於座椅採固定方式，客人無法自行更動與調整，其經營者在設置前的考量應詳細謹慎，提供尊貴感的同時，要注意是否會造成賓客使用上的不便。

　　無論採用何種桌椅配置方式，為展現餐廳新意，餐廳必須於一定時間後將原本的配置重新調整或規劃，改變桌椅陳設也同時改變客人用餐的心情與印象，如此多次的新鮮感，將讓屢次來訪的客人感受到餐廳經營者的用心，當然也是製造客人重複消費的絕佳方式。

㈢餐櫥與手推車規劃

如果說餐桌椅是餐廳設備配置的主角，則餐廳的服務櫃與手推車等輔助設備即是餐廳服務設備的配角。餐櫃、餐車的設立將有助於服務執行，因此全盤考量餐廳配置的同時也須包含此類設備，以下即以餐櫥與手推車配置應注意的要點分別陳述。

■ 餐櫥配置位址

餐櫥的配置主要在於服務客人餐具器材拿取的便利，所以，除講究美觀外，其設置位址也應以靠牆和清楚易見兩大原則爲主。

1. 靠牆：爲求穩固與善用空間，餐櫥的陳設以倚靠牆面爲原則。
2. 清楚易見：由於餐櫥擺設顧客使用的用品，如刀叉、調味料、餐巾紙，以提供顧客與服務員方便取用。因此，櫥櫃安設地點應該要讓客人一眼極易瞧見所在，毋需服務員指示即可自行拿取。

■ 手推車配置位址

如果使用手推車收拾客人用餐完畢的餐桌殘餘，則應將手推車放置於靠近後門出口處或垃圾的出口處，如此只要手推車上已盛滿殘餘即可拉出清除，不僅符合衛生也不會造成客人反感。

㈣特殊屬性餐廳座位規劃──自助餐廳

前來自助餐廳用餐的客人以講求迅速與方便爲原則，因此

自助餐廳桌椅配置毋需如一般餐飲業的多方考慮。然而,這種
以供應快速服務為主的餐飲業,具備特殊的桌椅配置原則,茲
分述如下:

1. 需求空間:前往自助餐或速食餐廳的顧客所需要的活動
   空間較一般餐廳來得少。
2. 走道:為提供迅速的服務,座位容納量與座位間隔規劃
   應以不妨礙迅速服務與進出空間為原則。

三、動線

用餐區以餐桌、櫥櫃等設備佔去大半空間。因此動線安排,
對於顧客與服務員間的互動將有直接影響。儘管在擁擠時段顧
客也必須擁有便捷、安全無慮的通道。在客人就定位時服務員
須迅速上前服務,在安全、不致造成碰撞的情況下,將廚房烹
調好的菜餚送到客人餐桌上。規劃內部空間絕非只顧慮到設計
上的美觀與氣氛,完善動線規劃不僅讓用餐客人流動通暢,更
加促使餐飲服務秩序化。以下就顧客與服務人員二方觀點,說
明動線規劃時應注意的事項。

㈠顧客動線

在規劃顧客活動路線時必須著重三方面:簡單明確、寬度
合宜、方向順暢,以免造成擁塞、活動空間不足等情事發生。

1. 簡單明確:一般而言,用餐客人進入餐廳第一需求便是
   尋找自己合適喜愛的座位用餐,並盼望能迅速的走到座
   位,討厭彎曲繞路尋找座位。因此,應設計餐廳出入口

直達客人座位的動線。在規劃桌椅擺設時須留意走道與出入口暢通，明確地指出通道方向。

2. 寬度合宜：因應不同的餐飲配置空間，規劃內部通道的寬廣，基本的通道寬敞度是介在24～36吋之間。

3. 方向順暢：在規劃通道寬廣的同時須安排大小合宜、舒適的座位，並儘量避免客人用餐區走道行進方向有重複的情形。

㈡服務動線

完善的服務動線設計，不僅有助於服務流程的順暢，井然有序的服務作業更是樹立餐飲系統化的先決要件。以下茲將服務動線規劃時必須注意的事項陳述如後。

1. 為求工作效率，設計服務動線時應儘量縮短服務員配送時間，提高作業效率與服務人數。

2. 避免集中一個方向的作業動線，儘量排除曲折通道，最好以直線服務路徑為原則，以免造成服務員走動上的不便與內部作業阻礙，不僅影響工作效率，讓客人看見混亂的操作情況將減低餐廳形象。

3. 「區域性餐櫥」可供服務員存放餐具設備或將烹調好的菜餚放於此櫃，縮短服務員來回廚房與用餐區的路徑，提高工作效率。

4. 為求供餐順利，服務員與廚房人員製備動線絕不可相互交叉，並儘量不要讓客人通過服務員供菜區域，以免阻礙服務作業的順暢。

四、燈光照明

　　餐廳除了桌椅配置、動線規劃、空間配置影響用餐氣氛與情調外，其所選購的設備、音響、彩度的運用等也是營造餐廳本身所呈現環境的主因。以燈光為例，從明亮度、光源的出處、色澤與光質等，是餐廳裝潢前所須考量的重點。

　　因為內部照明是餐廳環境呈現的重要關鍵。適用合宜的燈光不僅顧客用餐情緒得到舒坦，更可以提高菜餚的陳色。一般而言，在選購前應先對照明設備有簡單的認知與瞭解。

㈠種類

　　以現階段餐廳採用的照明設備而言，可分為天花板燈、聚光吊燈、壁內燈與托架燈四類。

1. 天花板燈：種類繁多，其主要是用來作為餐廳整體的照明使用。

2. 聚光吊燈：若細心觀察，在每張餐桌上皆有一垂吊的燈飾。有些餐廳為了節省電源，只在顧客就座前才點亮，這就是所謂的聚光吊燈。聚光吊燈之所以垂直掛於每一張餐桌前，除了讓用餐顧客可以清楚瞧見桌上美食外，其最主要的目的是透過聚光燈的直接投射增加桌上菜餚的色澤與光彩，讓客人看了之後食指大動，引起顧客食慾。

3. 壁內燈：因燈管架設於牆壁內，所以光源從壁內投射出來較為柔和而無直接由眼睛接收來的刺眼。其用途與天

花板燈相同，是餐廳整體的照明設備。然而，由於光源出處的不同，已有許多餐飲業者將此設備作爲特殊裝飾物，以營造餐廳內部獨特的空間風格。

4.托架燈：運用於餐廳部分的照明，如通道、各種出入口等。

㈡安置原則

因爲餐廳是顧客膳食的地方，與一般公司、家庭所採用的照明設備與原則皆不同。安置合宜用餐的照明設備將是裝潢時設計師與餐廳經營者要謹慎考量的重點。以下茲就餐廳區域爲主題，提出幾項燈光安置時所應注意的原則。

■ 入口、通道用燈

爲引導客人進入餐廳順利找到座位，在安排餐廳出入口與通道的照明設備時應以20～60瓦的光線爲原則，其照明設備的間距以5～6公尺爲佳。

■ 特殊照明

餐廳時常爲營造某種氣氛或某特殊作用，特別設計出特殊照明設備，提供顧客獨特的享用經驗與樂趣，增加顧客消費額。

1.營造氣氛用燈：
- 一般來說，餐廳多不使用日光燈而採白熱燈，配合天花板燈與些許托架燈的方式陳設。
- 爲講求用餐氣氛，夜間餐廳多以壁內燈爲主，儘量減少大範圍的照射。如欲營造柔和浪漫的情調，則可以點蠟燭取代聚光吊燈，以增添顧客用餐氣氛。
- 若設計爲較高雅的用餐環境則應採用暖色系燈光，提

高空間溫馨與親切感。

2.自助餐廳用燈：如果是自助餐廳性質，則儘量安裝以明
  亮的照射設備，以方便顧客清楚選菜與辨識用餐區域。

■ 配備發電器

　　爲避免顧客於用餐時因外部供電量不足或其他因素停止供
電，餐廳本身應配備有自動發電的照明設備，待停電時解決顧
客用餐的照明問題。

五、色彩運用

　　色彩是影響人情緒反應的重要因素之一。著眼於銷售的立
基點，餐廳能獲取大量財源的主因無非是吸引多數顧客前來消
費。當顧客取決用餐條件時，多少受營造氣氛影響。而氣氛營
造除了先前的內部配置、空間規劃與燈光設備外，色彩選擇也
將是影響用餐氣氛的關鍵。

　　由於，餐廳多爲四面阻隔的密閉式空間，內部的色彩足以
影響整體風格呈現。若採用暖色系，如紅色、菊色爲主要裝潢
基調，無形之中即營造出充滿溫馨、熱情氣氛。反之，若採以
冷色系，如藍色則會讓人感受到陌生、清冷。儘管是單純潔淨
的白色調也有它擴增室內空間的重要功能。諸如此類的考量將
是餐廳色彩運用的要點。以下則說明餐廳評估色調應注意的事
項：

㈠一般常用色調

　　爲提高前來用餐的顧客的飲食情緒，通常餐廳皆會以較和

諧的色彩搭配，儘量避免太過強烈的色調，中性色彩的調配將會讓人有賞心悅目之感。因此，洋紅、橘色、黃色、粉色系較爲餐飲業使用。但是目前有許多爲求個性化風格的餐廳已突破傳統的色調影響，進而採行較冷僻或多樣化的色澤，增加顧客的好奇心以吸引消費者前來一探究竟。

㈡色彩語言

前面已提色彩的呈現將會帶給人特殊的意義與氣氛，而這也就是色彩語言。影響色彩語言的因素除了顏色外還包含色系、彩度、象徵三個主題，以下即分別予以說明。

1. 色系：餐廳可採用明色系與冷色系擴展室內空間，相反的深色系與暖色系會令空間略顯生疏、空洞。
2. 彩度：在選擇顏色時除了色調的喜好外，也應注意明暗度的對比與彩度的變化。明暗越高其反射比也越強，而彩度愈強給人的感覺也愈刺激。
3. 象徵：因爲教育與慣例，現階段的色彩使用常被賦予額外涵義。如藍色、紫色是尊貴高級的象徵；黑色代表神祕；綠色代表自然；而紅色則表現出喜慶，常用於中式餐宴上。

六、空調設備

餐廳空調設備主要在於室內溫度的調節，這不僅包含一般常說的冷氣設備亦包括冬天的暖氣調節系統。涼爽、清新的用餐環境不僅讓客人擁有愉快的用餐情緒，適當的降低濕度有助

增加餐廳內部設備的使用壽命，間接降低餐廳成本。因此，一家值得讚賞、讓人留連忘返的餐廳一定具備舒適的空調系統。

(一)空調系統規劃

空調系統的規劃是一專業的學問，然而一位有心投入餐飲工作的經營者也有必要瞭解空調工程的概況，最好能加入自己的意見，讓工程師設計出符合自身餐廳環境的空調配置。一般而言，空調系統規劃上應注意以下幾點。

1. 注意所有區域的室內溫度。
2. 留心整年度的室外溫度。
3. 空調系統應力求安靜平穩，以免因運轉聲音太吵而影響客人用餐的情緒。
4. 空調系統外觀的佈置，儘量以藏於管線或牆壁的方式掩飾空調系統機器。
5. 保持室內流通。
6. 選用具有售後服務廠家的空調系統，並經常保養維修。

(二)操作要點

由於空調影響著客人用餐的情緒，因此，服務員在操作空調設備時必須小心，謹慎為之。其操作要點如下：

1. 電力供應必須充足，可請相關電力公司或水電工增加餐廳室內的電力負荷量。
2. 啟動空調系統時應注意門窗是否關緊，以免冷氣或暖氣外洩影響室內的空調效果。
3. 空調機器如冷氣機，最好不要讓陽光直接照射，以免降

低使用壽命與冷卻效果。

4.經常性的檢查排氣口是否流通，避免阻塞物，影響室內空氣流暢性。

5.尖峰供餐時間應經常性的調節室內空氣供給。一般而言，一小時約轉換七至九次的溫度，隨時保持新鮮空氣的供應。

七、音響

金屬相互磨擦與碰撞的聲音將會降低人們的食慾，古典音樂的優美與烤肉時所發出來的燒烤聲將會促進胃液分泌，提高品嚐佳餚的動機。聲音會影響人情境的反應與心態，因此，餐廳擁有合宜的聽覺環境將會增加顧客用餐經驗的滿足感。關於餐廳音響配置基本條件如下：

㈠事前準備

為提供好的音樂品質，餐廳應配備完善的音響設備與合宜的唱盤、樂曲。因此，事前音樂的準備工作是影響音樂品質良窳的關鍵。以下即提供選擇合宜設備與樂曲的幾點建議：

1.音響設備：一家顧客至上、服務顧客為主要訴求的商業餐飲，室內用餐空間雖無法隔離所有噪音，卻可利用悠揚的靜態音樂改善顧客間此起彼落的聊天聲。因此，優良的餐廳自身必須擁有一套品質得宜的音響設備，讓客人隨時聆賞悠柔樂章。

2.音樂準備：準備多項專業歌曲，如生日歌、婚宴曲等，

提供顧客舉辦相關餐宴時方便使用。

(二)操作要點

服務人員著手操作音響設備時必須注意以下各點：

1. 用餐樂曲忌諱播放節奏強烈的熱門舞曲或搖滾樂，影響顧客用餐的舒適感，儘量以柔和的輕音樂或古典樂為原則。
2. 如遇需要播放顧客電話、緊急事務時必須先將音樂的音量轉小，待播放完畢後再重新調回原來音量。
3. 播音員在播音時應將情況說明二至三次，以免顧客因專注用餐而無法聽及語音事項。

諸如以上的多項要點，皆為餐飲經營者在配置室內音樂時所須重視的焦點，雖然音響只是餐廳內部佈置的小細節，卻足以影響顧客再次用餐的意願，不得不謹慎待之。

第十二章　餐飲行銷

行銷是發掘客人需求與欲望，並予以滿足，也就是根據市場需求，規劃完整的活動，成功經營的方式。就餐飲行銷而言，透過各種活動或方式將餐廳特色、膳食的獨特等專屬的餐飲優勢性，直接傳遞給目標群消費者。讓消費者在知道、瞭解、有興趣、信服、喜愛的心理轉變過程下進入餐廳用餐，進而達到營運的終極目標——增加餐廳利潤。

　　因此，餐飲行銷頗受大型餐廳、旅館餐飲部門等業者的重視與青睞。有些更甚而成立餐飲行銷、公關部門等，隨時建立餐飲良好的形象，針對餐廳內部或是外面的媒體公關做最佳的聯繫與溝通。而本章則將針對形式與活動兩大餐飲行銷重點做說明。

第一節　餐廳行銷的形式

　　餐廳行銷愈來愈多樣化，尤其是近幾年許多大型餐飲業、旅館餐飲如雨後春筍般的成立，為增加競爭實力，各家餐廳無不擬定一套獨特的行銷組合策略。大體而言，一般餐飲行銷形式可分為間接行銷、直接行銷、宣傳行銷與公共關係四種，以下則分別針對各個模式加以說明。

一、間接行銷

　　間接行銷是透過各種外在人、事、物的推銷方式將最新餐飲資訊或餐廳相關活動等訊息傳達給顧客群知道。間接的，引導顧客對於餐飲活動有興趣，達到行銷的目的。一般餐廳間接

行銷的方式，可分以下幾種類別：

㈠人員行銷

人員行銷是行銷人員透過面對面的洽談，提供顧客合宜的參考訊息，說服消費者有意願購買本餐廳的產品與服務的過程。

人員行銷針對不同客源的需求提出各式見解與主題，利用不同的觀點插入消費者有興趣的話題，掌握最佳時機引導消費者進入核心話題，尋找行銷機會，增加銷售成功的案例。其特點如下：

■ 溝通方便

面對面的行銷形式，方便雙方溝通，當場即可解答顧客心中的疑惑，讓客戶得以深入瞭解餐廳餐飲，而避免許多不必要的誤解，作爲餐廳與顧客間的溝通橋樑。

■ 易於建立良好關係

藉由和顧客面對面的互動，人員推銷將有利於建立與消費者間的關係，易於獲取彼此間的信任感與友誼，建立定期的業務聯絡網路。

■ 成交機率高

人與人間的對話一定比書面文字或其他大衆媒體來得親切。所以一般來說，透過推銷人員當面解說的方式，有助於餐飲商品直接成交機率。

㈡電話推銷

電話、傳眞機的誕生是人類進步的重要里程。藉由冰冷的機械拉近人與人之間的距離，節省雙方見面的時間，提高作業

傳輸上的步調。電話推銷即在此種觀念與現象下自然衍生，成為現代傳遞訊息的重要工具之一。

推銷人員透過電話傳輸親切的問候，在人性化的氣氛下進行產品解說與相關的推銷方式。其服務態度與原則如下：

■ **服務態度**

電話行銷屬於專業行銷方式，透過聲筒傳達產品資訊與優點，絕對不同於面對面對話方式來得容易。因此，從事電話行銷前最好能接受專業訓練，提高行銷的成功率。

1. 內部員工如聽到電話鈴響時必須迅速接起電話，並找尋到客人要求服務的人員接聽電話。
2. 服務人員應主動自我介紹（包含單位、職稱等），以親切的口吻詢問客人需要的訊息與資料。
3. 與客人對答時，其語言態度應誠懇、有禮，並悉心傾聽完整的諮詢過程。

■ **服務原則**

電話行銷的目的除了提高銷售額外，還包含建立完整的客戶資料以作為往後聯絡依據。因此，行銷人員在從事電話行銷時須注意以下原則。

1. 詳實記錄：為作為事後處理的依據與客源基本資料，服務人員應在傾聽的過程中做好完善的電話記錄，避免遺忘。
2. 勿讓顧客久等：若中途必須暫停對話時不可以讓顧客在電話彼端等待太久，最好能待電話接完再處理其他事宜，否則也應處理完後馬上回應，或與客人商量稍後再

回電。

3. 明確陳述：因為無法面對面的傳遞，因此在進行電話銷售產品和服務時更應力求精確，清楚地將產品相關內容說明完整，切要的點出銷售重點。

4. 安排下次面談：有必要讓客人更能瞭解商品屬性時，最好能確定進一步的面談和接觸的時間、地點，並感謝致電詢問。

㈢廣告行銷

廣告是餐飲行銷較常見的方法之一。透過各種大眾傳播媒介，將有關餐飲經營和服務訊息有計畫的傳遞給消費者知道，直接或間接刺激消費欲望，達到產品與服務的銷售。其作用分述如下：

1. 宣傳推銷：藉由大眾傳媒的力量將餐飲設施與產品、服務特色傳達給目標消費群知曉。

2. 刺激消費需求：透過各種廣告引起消費者到餐廳用餐的欲望，影響就餐決策。

3. 增加競爭力，提高知名度：廣告的採用可增加消費者對品牌的印象，提高產品形象與知名度。此外，更可降低其他同業廣告對消費者的直接影響，以免客源被瓜分流失。

4. 傳遞最新訊息，掌握商機：新產品或新策略推出，即時的廣告宣傳配合不僅可將餐廳消息快速傳遞給消費者，更可促使顧客有立即消費的欲望。

5. 增加淡季營業額：在餐飲淡季刊登廣告，加強淡季促

銷，以降低淡、旺季的營業額度落差，避免人力與其他資源的閒置與浪費。

各種廣告媒體都有其特色，決策者要根據本身廣告訴求與產品，選擇最適合的廣告媒體，如此才能產生加倍的宣傳效果。茲就各種類之廣告及其優缺點分述如下：

■ **報紙廣告**

在報紙上刊登餐飲廣告十分普遍，其優點有：

1. 時效性強：許多人皆有每天閱讀報紙的習慣，當天的訊息藉由當天報紙的刊登，大眾領受的感應最為強烈，因此報紙應該可以說是最具有時效性的傳播媒體。
2. 便於剪下保存：毫無裝訂的顧慮，只要遇上消費者喜愛的訊息即可馬上剪下保存。
3. 費用便宜：因報紙的目的主要在於訊息的傳達，較不重視印刷的品質與美觀，故廣告刊登的費用皆較其他媒體來得便宜。
4. 閱讀群普級，傳閱率高：因應閱讀群眾的普及性，一份報紙在經由多人閱讀後才予丟棄，提高資訊傳遞的範疇。

其缺點有：

1. 壽命短：時效只有一天無法傳達長期活動，必須連續刊登多次版面才行。
2. 印刷品質差：印刷效果差，不容易顯見餐廳精美佳餚的菜色與豐富色彩的圖片，因而降低了刊登效果。
3. 市場區隔無法精確：因為閱讀者的普級，經營業者無法

將市場區隔運用於報紙的廣告版面上，能掌控的僅是全省或地區性的刊登，因此如遇有特殊活動則較無法直接針對目標消費群做單一的宣傳與促銷。

■ **雜誌廣告**

雜誌廣告的優點為：

1. 直接針對目標消費群：因應不同屬性的消費群會自行選擇喜愛的雜誌閱讀，所以餐飲行銷人員可針對目標市場消費群經常閱讀的雜誌刊登廣告。
2. 吸引力強：由於雜誌印刷精美，紙張與印刷品質較高，精美的圖畫能馬上吸引大眾目光與注意力。
3. 生命週期長：一般雜誌有週刊、雙週刊、月刊、季刊甚至一年才出一本的年鑑，因此適合長期資訊的廣告刊登。
4. 重複使用性強：一本雜誌常多人閱讀、轉手後才丟棄，提高消費者接觸廣告的頻率。

雜誌廣告的缺點為：

1. 費用高：因為精美的印刷品質，所以一般來說雜誌廣告費用較其他平面媒體來得高，故經營者在決定刊登雜誌廣告時須多方考量各類雜誌廣告價格，預先評估廣告刊登能獲取的效益。
2. 無法全盤掌控目標顧客：因閱讀群象有所區隔，且國人目前還未養成普級的雜誌閱讀習慣。有鑑於此，在推行大眾式活動時可能會流失不閱讀雜誌的消費群。

■ 電台廣告

　　當代的電台廣告呈現多方分據的戰國局面。不同的節目內容擁有不同的聽眾，穿插其間的廣告即能吸引各種不同類型的就餐者。此外，也因頻道接收的關係，電台節目主要以地區性劃分。因此餐飲同業者若有興趣採用電台廣告為宣傳的媒介，應於事前對電台節目做完善的認識，選擇地區性的媒介傳遞消費訊息。

■ 電視廣告

　　因為聲光效果，電視廣告最適合作為餐廳設施與形象、特殊活動的宣傳廣告。必須注意的是，最好選擇目標顧客所喜愛觀看的節目，以增加廣告效益。例如，以外賓與常駐單位為主要銷售對象，則應將廣告安排在新聞節目之後，特別是外文新聞。

　　電視廣告的優點為：

1. 宣傳範圍廣大：接觸的對象是電視螢光幕前的觀眾，若無法選擇特殊節目播放廣告，則可以收視率高的節目為對象播放，提高目標顧客接觸層。
2. 易於吸引消費者目光：電視廣告不僅表現手法豐富多彩，更是唯一使用文字、圖畫、聲音、色彩和動作多種元素結合而成吸引力高的廣告媒體。

　　其缺點有：

1. 費用高昂：電視廣告製作過程繁複，無形中投入大筆製作費用。其次，以秒計費，以播放次數為收費標準的方式，必讓廠商耗費大筆廣告預算。

2.效率低：瞬間廣告的資訊傳遞，觀眾可能來不及接收，尤其是第一次播放的廣告片，所以一般廣告片會多次出現，增加觀眾印象，當然也就相對地增加了廠商成本。

■ 文宣品寄發

廠家直接將公司資訊以書面方式寄發給目標市場的消費群。對於餐飲業來說較適合於特殊餐飲活動、餐廳優異設備、新產品服務等廣告活動採用。至於文宣品寄發的優點如下：

1.尊重感：廠商針對直屬目標消費群的廣告媒介，可藉由直接署名讓讀者感到親切、尊重感，提高閱讀興趣。

2.能詳細加以解說：藉由文宣刊物的平面媒介，餐飲經營者可以將推廣活動或相關資訊完整的說明清楚，讓消費者在閱讀過程中深入瞭解主題，以減少相關疑慮。

3.便於衡量業績成效：因為容易從業績名單明瞭哪些是文宣品寄發消費群，應此易於評估文宣品寄發的效益與成果。

4.最低廉的廣告媒體：製作與寄發文宣品的費用便宜，是最低廉的行銷手法。因此，此類廣告模式已成為多數廠商最基本的行銷方式。

其缺點為：

1.增加垃圾：目前DM傳單滿溢為患，許多消費者收到後往往直接丟入垃圾桶，失去宣傳的效果。

2.必須費心蒐集主要客源資料：收信人姓名不易取得，一般都向團體組織或專門販受個別消費名條的公司購買取得。

■ 戶外廣告

　　用於交通路線、商業中心、機場、車站和車輛行人多的地方所立的廣告招牌。適合做餐飲設備、樹立形象廣告。通常為張貼式廣告、繪圖式廣告、招牌式廣告類型。其優點有：

1. 壽命長：因為戶外廣告版面的合約以定期為限，一年、數個月的約期為多，所以廣告物的架設也因長期合約延長時效性。
2. 廣告層面較大：一般來說戶外廣告費用較其他電子媒體廣告來得低廉，若架設於多人看得到的地方將增加廣告效益。

■ 交通廣告

　　乃為張貼在交通工具上的廣告。因為交通工具地域性強，一般以當地消費者為對象。

■ 現場廣告

　　張貼或樹立於大型活動場所的廣告都是現場廣告。

■ 電梯廣告

　　旅館電梯牆面，是餐廳最理想的宣傳場所，可以用來介紹各種餐廳、酒吧、娛樂設施，對住宿旅客有較大的推銷作用。

■ 其他

　　日新月異的現代社會，電腦傳訊科技的發達，促使網路購物愈來愈流行。未來許多人可藉由電腦收到最新產品訊息，甚至在電腦網路上直接購物。相信，電腦資訊媒體勢必是未來餐飲廣告考量的重要媒介之一。所以餐飲行銷人員應隨時注意社會脈動，因應時尚潮流變更行銷方式，以獲取最佳競爭優勢。

二、直接行銷

直接行銷是指藉由餐廳相關人員（特別是餐飲服務員）與前來消費的顧客面對面溝通，爲餐廳菜餚與服務做最佳解說與推銷，而成爲餐廳內部最主要的推銷模式。以下即說明直接行銷的種類與特色。

㈠點菜推銷

客人點菜是服務員推銷的最好時機，在點菜的過程中服務員應隨時有推銷意識，運用適當的推銷技巧，主動向客人提供建議，促使就餐客人增加消費數量或消費價值更高的菜餚、飲料。

點菜推銷時服務員應注意的事項：

1. 熟悉自身產品：服務人員應善加運用自身素質與專業知識，熟悉餐廳產品，針對餐廳設計與佈置、產品用料、烹調方法、口感特色、營養分析等方面詳加介紹與解說，並誠心回答客人所提出的問題。
2. 瞭解顧客喜好：爲應付不同類型客人的需求，服務員應瞭解餐廳當天供應情況和客人消費需求，依據每位客人的生活習慣、口味特色與喜好，投其所好爲客人介紹。
3. 善用溝通技巧：服務員在推銷時必須掌握推銷語言與技巧，提供具有建設性與描述性質的專業建議。

(二)現場烹飪

將部分菜餚烹飪步驟或某些菜餚的最後烹煮階段過程在客人面前完成，讓客人親眼目睹烹調過程，聞到香味，看到菜餚的特色，促使客人對食物產生興趣，吸引消費品嚐的欲望。

(三)推車服務

廚房將食物烹調完成，放在小推車上，由服務員現場推車推銷菜餚。

推車服務的特色為：

1. 推車的菜餚多半是價格不太昂貴的食物，不會受時間限制影響食物品質，如冷盤、小菜、點心、各類飲料、果汁等。
2. 此類推車服務不僅方便客人點菜，更可在推送過程中促銷菜餚，增加餐廳收入。
3. 推車上的菜餚並不一定是客人必需的，一般是因為受到服務員推送的吸引產生購買與消費動機。
4. 可以增加免費試吃促銷活動，以吸引顧客興趣增加客人點餐的機會。

三、宣傳推銷

宣傳與廣告最大的差別在於，宣傳毋需支付廣告費用，它是一種不用付費的資訊傳達，藉由媒體提供訊息，引起社會大眾的重視與關注。一般多以新聞稿方式出現，增加消費者的信

任感。

　　餐飲宣傳推銷的要點：

1. 掌握時機：在餐廳、飯店所舉行有新聞價值的事件應立即向新聞、報紙媒體發稿。

2. 吸引媒體報導的興趣：舉辦大型宴會活動、娛樂性活動時，邀請新聞界代表、記者當天親臨，並於事前透露活動的特殊性與可看性，同時準備詳細的資料或自撰新聞稿的方式提供記者事後的撰稿參考。

3. 隨時與相關媒體維持互動關係：必要時需要有專人負責定期消息稿的發佈、撰寫、拍攝與媒體保持良好的溝通與友善關係。

4. 樂於參加相關活動：尋找機會參加與其他報紙、廣播、電視所舉辦的餐飲節目與活動，除了介紹餐廳本身的特色外，藉以提高餐廳本身知名度與口碑。

5. 製作付費消息稿：甚至可製作付費的專欄文稿，說明餐廳特色或招牌菜餚，如此，運用專業的文稿說明廣告將比一般刊登的圖片廣告更具說服力。

四、公共關係

　　公共關係，意指個人、企業團體、組織與公眾間為發展友好關係所使用的各類方式與推行活動。

㈠餐飲業公共關係目的

　　對於餐飲經營者而言，良好公共關係的建立除塑造自我口

碑與形象外，無形中將有助於餐飲業務的推廣，達到銷售目標。因此，內外關係的建立已成為餐飲行銷裡必須學習的重要課題。

1.加強與公眾的聯繫。

2.提高餐廳知名度。

3.建立餐廳良好形象。

4.建立好口碑。

5.促使消費者衍生消費行為。

㈡餐飲業建立公共關係的方式

公共關係的建立，必須包含積極與消極兩方面。一則建立，一則維護，雙管齊下，對外媒體與對內公關同等重視。

1.積極的公共策略：多參與公共性質的活動，如慈善活動、公益活動、救助活動等，樹立餐廳的良好名譽，給消費者潛意識的好印象。

2.消極的公共策略：遇有危機事件發生時（如食物中毒、客人用餐時受傷等），必須安排足夠的員工妥善處理，解決善後。且秉持認真、積極的態度解決事故，給予合理的賠償金額，體恤受傷顧客。最好由餐廳高階管理者出面慰問，讓客人感受到餐廳本身已盡最大能力解決問題，不因事故而影響餐廳名譽，事後的妥善處理化危機為轉機，更深得顧客信賴。

餐廳一般皆無專門人員負責公關方面的事宜，因此，每一位餐廳服務人員、領班、經理甚至老闆，都須負起公關的責任。

餐廳經理應到餐廳現場與客人聯繫，瞭解顧客需求與建議；服務人員應禮貌友善的招呼客人、迎送客人，使客人存有美好印象，歡迎下回再度光臨。

第二節　特殊行銷活動

　　餐廳經常利用一些特定的時間針對目標消費群，舉辦各種促銷活動，提高餐廳知名度，增加銷售額。以下我們就針對這些餐飲業特殊活動行銷時機、類型與設計原則加以說明。

一、特殊活動行銷時機

　　針對特殊節日、時間或節氣，將餐飲產品加以包裝，再行促銷，不僅有助於營業額的提升。一場標新立異的銷售活動更可能吸引同業與目標消費群的目光。因此，現階段餐飲業的特殊活動已成為年度計畫中預擬項目。

■ 節日推銷

　　節日是一般推銷時機最常見的時段，餐飲必須結合各地區民情風俗，針對特殊假期，如情人節、母親節、父親節、聖誕佳節等，將餐廳內部裝置、陳設出專屬節日的獨特風味，用以烘托佳節氣氛，增加活動熱鬧性，並同時推出佳節專屬的菜餚，如情人套餐，感恩親餐會、聖誕饗宴等，以吸引顧客興趣，刺激客人前往消費的意願。

■ 清淡時段推銷

　　餐飲經營的清淡時段常常採用新奇、優惠的活動主題或推

銷手法以吸引消費者注意，直接刺激費氣，提高市場銷售。其常使用的方式有：特殊風味餐、買一送一銷售、抽獎活動等。

■ **季節性銷售**

依據不同的季節，不同客人的節氣飲食習慣或地方季節特產菜餚，進行各種特殊菜餚的推銷。如在炎炎夏季推出清淡爽口的佳餚；在冬令時節推出麻辣火鍋、薑母鴨等辛辣的進補食物；或以盛產名品為材料的套餐式菜色：芒果大餐、蓮花大餐等。

二、特殊活動類型

餐飲行銷活動是多樣而活潑性的。常常舉辦動態表演或靜態展示，增加娛樂性與顧客參與的興趣。

■ **動態演出**

邀請藝文團體、時尚表演、特殊民族歌舞團體的演出，讓賓客在享受美食佳餚之餘，還可欣賞音樂、歌舞、時裝表演等其他娛樂，雙重享受，提高客人消費價值和興趣。

■ **靜態展示**

藉由靜態的文藝展示，如特殊主題畫展、書法大師表演、國畫表演等，吸引客人，一睹文藝風采以增加餐廳銷售。

■ **益智娛樂**

舉辦娛樂性活動，如抽獎、舞會、演唱會、魔術表演等，吸引客人前往消費。

■ **其他**

利用顧客追求價廉便宜和新奇性的心態，推行折扣套餐、免費禮品等活動，刺激消費。

三、活動設計原則

為了促使所舉辦的活動能達到顧客消費的意圖，增加活動推行的成功度，企劃人員在籌劃活動內容時，必須符合以下特性：

■ 新聞性

舉辦的活動必須有新聞性，造成焦點話題，引起新聞界的注意與興趣，利用新聞輿論的方式達到宣傳的效果，引導消費者主動關注與密切注意。

■ 流行性

餐飲行銷活動須帶有時尚新潮流行風格，每次舉辦的活動必有所創新，切莫跟隨其他同業的腳步，隨波逐流，失去新意。應展現新的形式、新的菜餚、新的用餐環境、新的產品屬性甚至是新的廚師料理，都可作為最佳行銷題材。最好能帶動流行風潮，增加源源不絕的消費層，如下午茶的推出就屬此類。

■ 視覺感官衝擊

感官觸覺所獲得的訊息，視覺接受度可高達百分之七十。因此，在舉行活動時，最好充分展現視覺效果。將餐廳裝飾佈置，配合菜單的獨特風味，餐具也應精心挑選並採用巧妙的烹飪方式來突出活動主題。

■ 參與感

設計可由顧客親自參與活動的項目，例如，與歌舞演員共舞歡唱等，藉以營造用餐的熱鬧氣氛，增加客人事後對活動的深刻印象。

第三節　籌劃行銷活動注意事宜

舉辦行銷活動時必須作出周密的計畫，其計畫內容包括：

■ 行銷目的

在籌劃行銷活動前必須先確定活動所要達到的目標。例如，增加午餐與晚餐間清淡時段的銷售、增加晚餐宴會的客戶群等。

■ 行銷對象

確定所要爭取的目標客源為何。瞭解這些客戶群的消費習慣、飲食偏好，對活動形式的需求等。

■ 行銷內容

在確定行銷對象與目標後，則開始研究行銷內容為何。例如，活動舉辦時間、地點、贈送獎品為何、所需的準備工作等。

■ 行銷活動的負責人

選定此次活動舉辦的總執行人，再依次確定其他主要工作的負責人，活動當天主持人等細節。

■ 活動預算

籌劃活動時，也應計算活動所涉及每項費用與支出，計算總共需耗費多少資金，並預估活動舉辦後所能產生的效益。進行成本效益評估，評估此次活動是否值得投入，若舉行的話如何取得資金來源。

參考書目

1. 《中餐烹飪》，孫林東著，科學普及出版社，民國83年著。

2. 《餐飲管理》，施涵蘊著，南開大學出版社，民國86年。

3. 《餐飲管理》，唐文著，中國商業出版社，民國86年。

4. 《西餐烹調技術》，郭亞東著，中國商業出版社，民國84年。

5. 《飲食營養與衛生》，劉國芸著，中國商業出版社，民國84年。

6. 《餐廳服務規範》，沈群著，金盾出版社，民國86年。

7. 《餐飲服務》，高秋英著，揚智文化，民國83年。

8. 《最新餐飲服務》，中國餐飲學會，揚智文化，民國82年。

9. 《餐飲管理》，陳堯帝著，桂魯有限公司。

10. 《餐飲經營學》，韓傑著，前程書局有限公司，民國75年。

11. 《現代旅館實務——客房餐飲》，詹益政著；民國81年發行（第19版）。

12. 《餐飲管理——理論與實務》，高秋英編著；揚智文化，民國83年。

13. 《飯店餐飲部的運行與管理》，中國國家旅遊局人教司編，旅遊教育出版社，民國85年。

14. 《餐飲服務管理》，中國國家旅遊局人教司編，旅遊教育出版社，民國83年。

15.《餐飲實務》，張粵華、張少珍編著，中國廣州中山大學出版社，民國84年。

16.《最新餐飲概論》，蘇芳基編著，民國86年。

17.《餐飲實務——餐廳與酒吧的作業與服務》，謝明成、林龍勳著，衆文圖書公司，民國86年。

18.《餐飲概論》，交野出版社編著，文野出版社，民國87年。

19."Foodservice Facilities Planning" Third Edition, Edward A. Kazarian, Ph. D., VAN NOSTRAND REIHOLD.

20."Food service Management" Delfakis, Scanlon & Van Buren., Douth Western.

餐飲實務　　　　　　　　　　　　　　　　　　觀光叢書 17

作　　　者／林香君、高儀文

出 版 者／揚智文化事業股份有限公司

發 行 人／葉忠賢

總 編 輯／孟樊

執行編輯／鄭美珠

登 記 證／局版北市業字第 1117 號

地　　　址／台北市新生南路三段 88 號 5 樓之 6

電　　　話／(02)2366-0309　2366-0313

傳　　　真／(02)2366-0310

E－mail／ufx0309@ms13.hinet.net

印　　　刷／偉勵彩色印刷股份有限公司

法律顧問／北辰著作權事務所　蕭雄淋律師

初版三刷／2015 年 1 月

ISBN／957-818-002-0

定　　　價／新台幣 400 元

郵政劃撥／14534976

國家圖書館出版品預行編目資料

餐飲實務／林香君，高儀文著. -- 初版. -- 台
　　北市：揚智文化，1999 [民 88]
　　　面；　公分. -- （觀光叢書；17 ）
　　參考書目：面
　　ISBN　957-818-002-0（平裝）

　　1.飲食業 - 管理

483.8　　　　　　　　　　　　　88003832